Jeux mathématiques pour tous

160 énigmes à résoudre

Conception graphique : Yannick Le Bourg
Mise en pages : Nicole Leymarie
Coordination éditoriale : Isabelle Raimond
ISBN : 2-84567-121-0
Imprimé à Hongkong

Jeux mathématiques pour tous

160 énigmes à résoudre

Textes
Frédéric Borel

Illustrations
Patrick Cerf

Tana
éditions

Sommaire

Vous indique la difficulté du jeu.

facile

moyen

difficile

114 Merci patron

Voici le patron pour fabriquer un dé à 6 faces. Parmi tous les cubes proposés, quel est celui qui n'a pas pu être fabriqué à partir du patron ?

114
115

Les numéros des jeux, un repère essentiel pour retrouver les indices et les solutions.

114
115

Mode d'emploi

34

Les numéros des chapitres vous facilitent la recherche dans les pages indices et solutions.

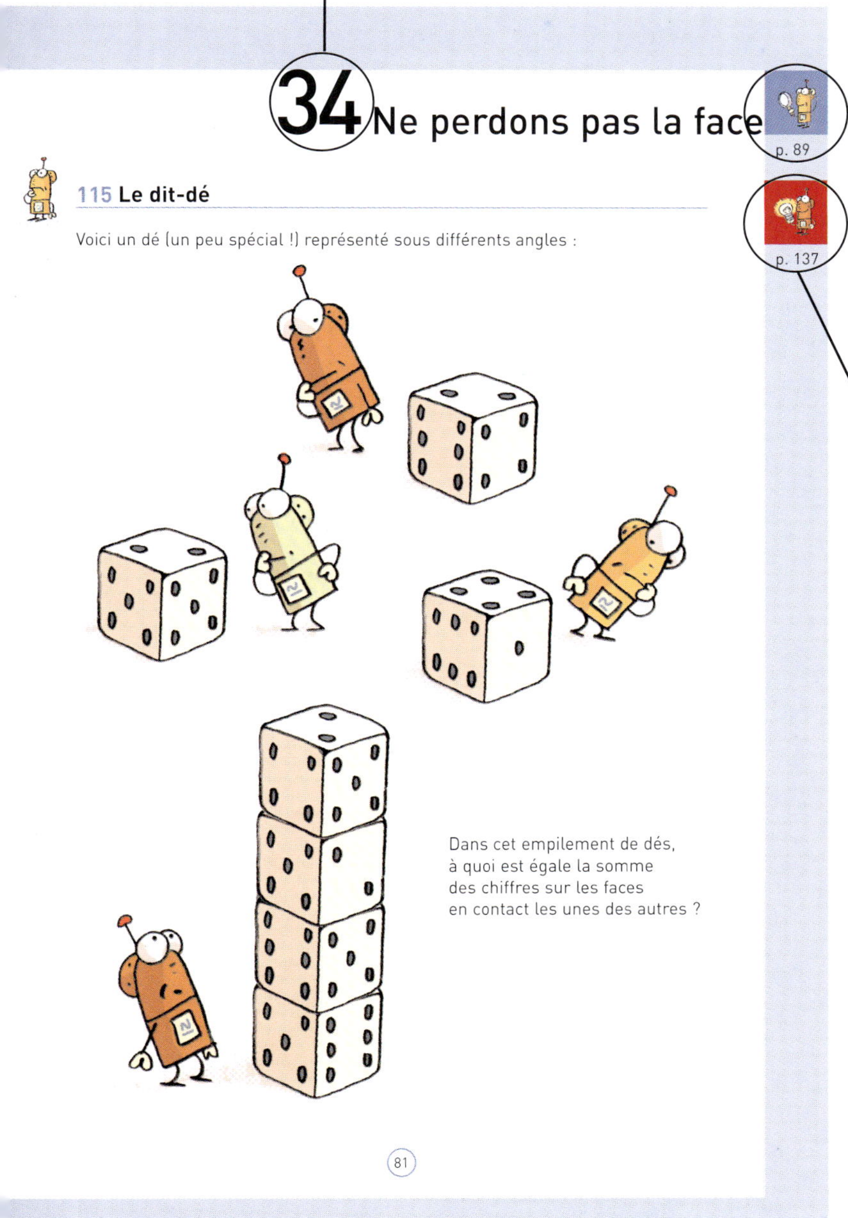

Pages d'indices pour vous aider à résoudre les énigmes. Une étape intermédiaire essentielle avant de vous plonger dans les solutions.

Cahier des solutions à la fin du livre.

1 Le théorème de Lagrange

Le théorème de Lagrange énonce que chaque entier peut être exprimé comme la somme d'au plus 4 carrés. Ce théorème peut être illustré par un graphique.
Observez ces 2 rectangles : l'un comporte 15 cases et l'autre 60 cases. Pourriez-vous montrer comment chacun de ces 2 rectangles est en fait composé de 4 carrés plus petits ?

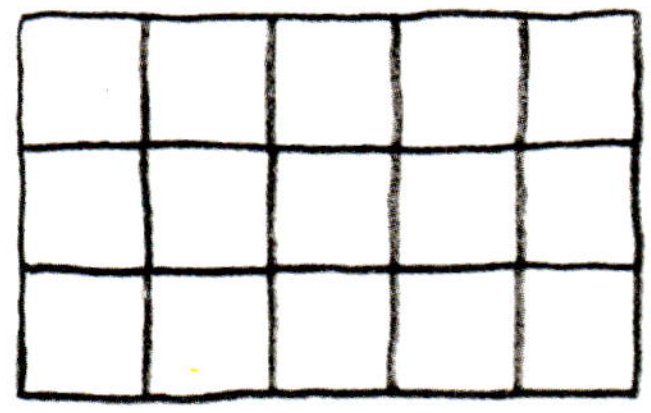

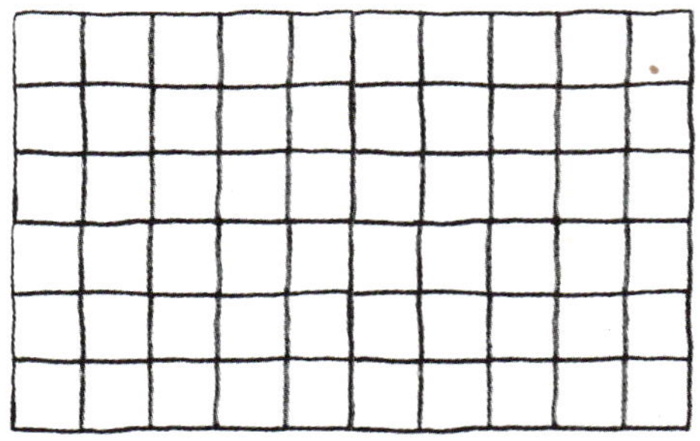

1
2
3
4

2 Cette année-là

1) Chaque entier naturel est décomposable, d'au moins une façon, en somme d'au plus 4 carrés.
Sauriez-vous trouver une telle décomposition pour 2 003 ?

2) On montre également que tout entier naturel est décomposable en somme d'au plus 50 puissances quatrièmes d'entiers.
Sauriez-vous trouver une telle décomposition pour 2 003 ?

1 Décomposition de nombres

p. 32

p. 122

Joseph Louis Lagrange

Né en 1736, destiné à une carrière d'avocat, le jeune Louis Lagrange se tourne à l'âge de 17 ans vers l'analyse mathématique. Il peut être considéré comme le fondateur du calcul des variations qu'il a, par la suite, appliquées à la physique et en particulier à la mécanique. Sa contribution à la physique est multiple : problème à trois corps, perturbation du mouvement des planètes...
Ce que les mathématiques doivent à Lagrange : la solution générale de l'équation de Fermat $x^2 - ay^2 = 1$, la démonstration de théorèmes d'arithmétique, l'étude des fractions continues...

3 Un produit, en somme

Essayez de trouver 5 chiffres différents dont la somme est 30 et le produit 2 520 sachant que 2 d'entre eux sont 1 et 9.

4 Ne pas commettre d'impair

Trois nombres entiers consécutifs ont pour carrés
2 704   2 809   2 916 ....
Comment trouver le carré suivant ?

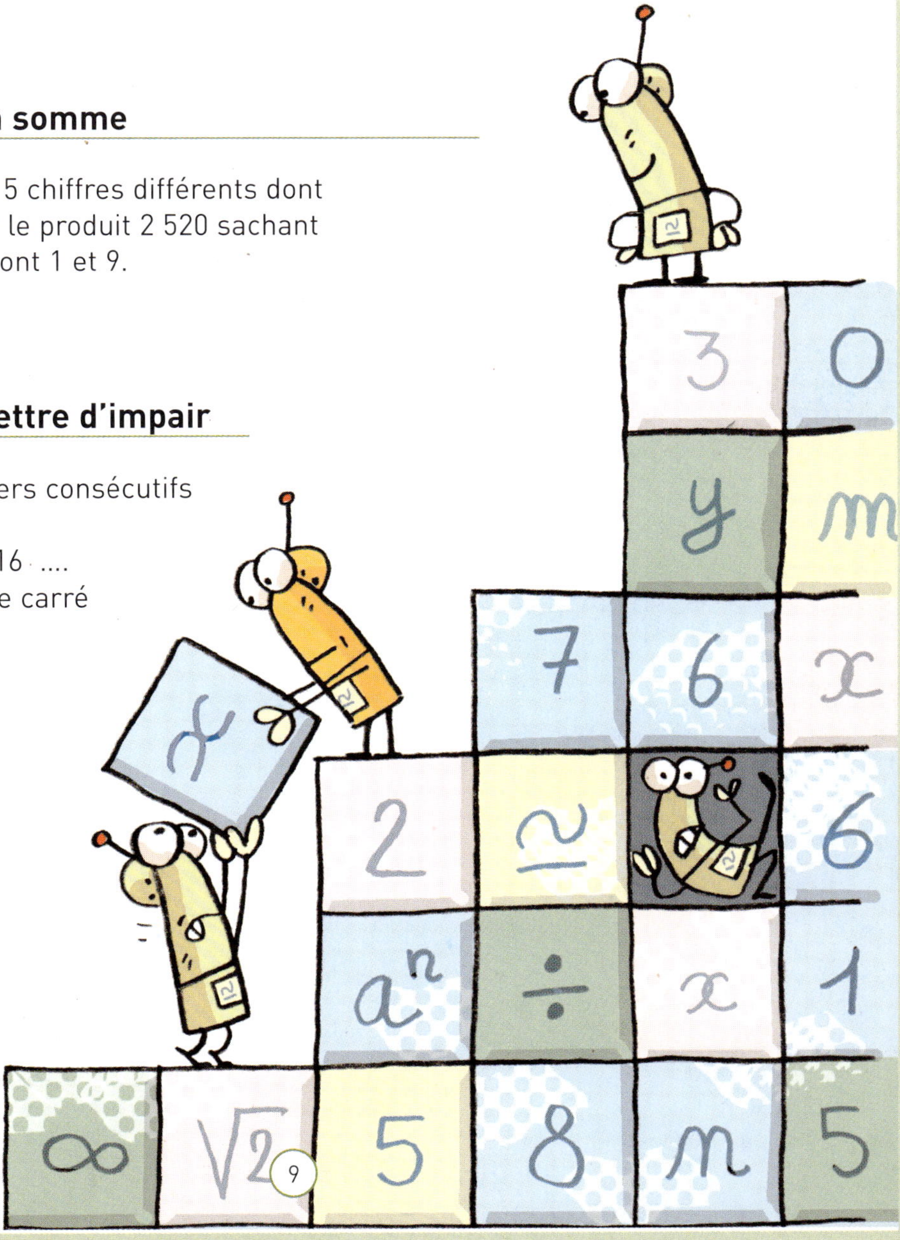

5 L'horloge comtoise

Un jour d'orage, Pierre n'arrive pas à dormir dans une maison de campagne. Il s'amuse alors à chronométrer le temps que met l'horloge pour battre certains coups. Il constate alors que l'horloge bat 6 coups en 5 secondes.
Combien de temps mettra cette même horloge pour sonner midi ?

6 Jamais à l'heure

Lepaute et Beaumarchais, 2 horlogers de Louis XV, mettent leur montre à l'heure : il est midi, ce 1er janvier.
La montre de Lepaute avance de 5 minutes par jour, celle de Beaumarchais retarde de 5 minutes par jour. Ils se promettent de se revoir lorsque les aiguilles de leur montre seront à nouveau superposées, c'est-à-dire, les petites aiguilles superposées, et les grandes aiguilles superposées.
Dans combien de jours se rencontreront-ils à nouveau ?

2 De temps en temps...

p. 32

p. 122

7 C'est une coïncidence

Les aiguilles d'une horloge sont superposées à minuit. Pourriez-vous déterminer les autres instants où les aiguilles sont également superposées ? Combien de fois se produit cet événement en 12 heures de temps ?

8 Citron-pistache

Quelle est la surface
la plus grande :
la jaune ou la verte ?

8
9
10
11

9 Les lunules d'Hippocrate

Le géomètre grec Hippocrate découvrit ce problème alors qu'il essayait de trouver une solution à la quadrature du cercle.
Il construisit des demi-cercles sur chaque côté d'un triangle rectangle comme sur la figure.
Pourriez-vous déterminer la surface totale des 2 croissants ?

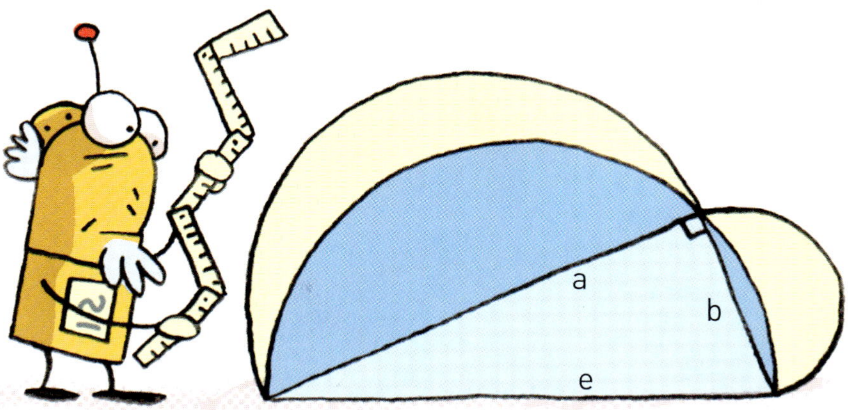

3 Il ne manque pas d'aire !

p. 32

pp. 122-123

10 Il a fait surface

On doit cette énigme à Archimède.
On coupe un cercle dans le sens de son diamètre horizontal. On construit deux demi-cercles le long de son diamètre. Une ligne L part du point de contact des demi-cercles et rejoint la circonférence du grand demi-cercle. Quelle est la surface de la zone verte ?

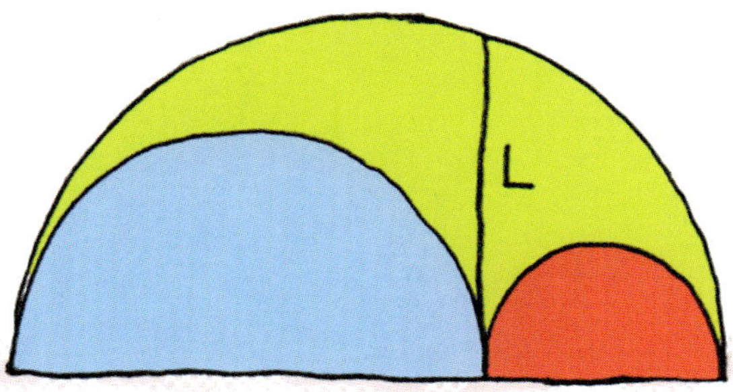

11 Il s'agit de faire bonne figure

Comment démontrer que les deux aires orange sont égales ?

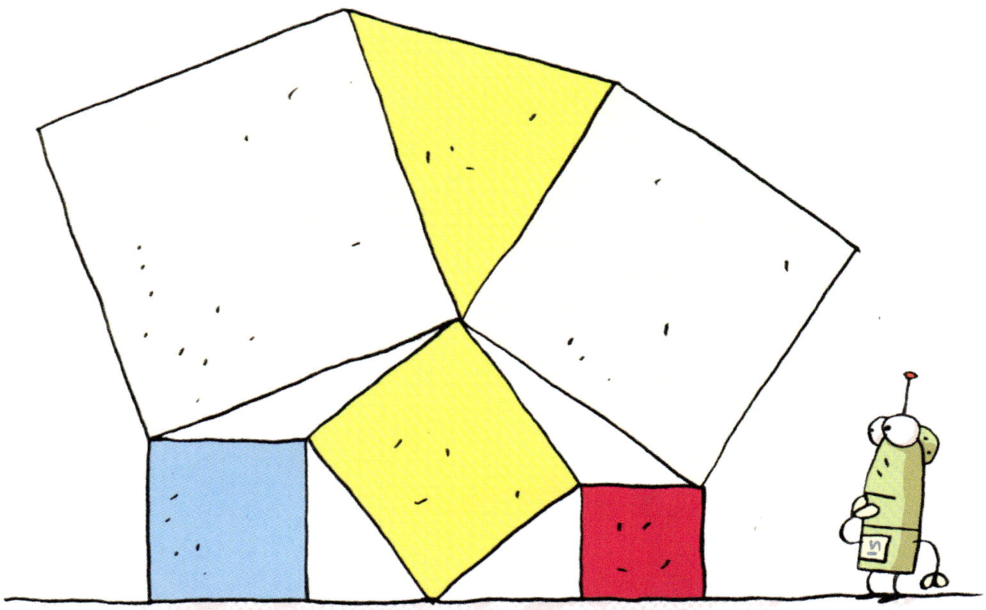

12 Pour former 2 003

Neuf jetons se trouvent dans un sac.
Chaque jeton porte un numéro :
0, 0, 1, 2, 3, 4, 5, 6, 7.
On tire 4 jetons du sac.

1) Quelle est la probabilité pour tirer deux fois le chiffre 0, une fois le chiffre 2 et une fois le chiffre 3 ? (L'ordre ne nous intéresse pas).

2) Quelle est la probabilité pour tirer dans l'ordre les jetons pour former le nombre 2 003 ?

13 C'est une épidémie !

Dans une ville, il y a 3 médecins. Quatre malades appellent chacun au hasard l'un des 3 médecins. Quelle est la probabilité pour que les 4 malades appellent le même médecin ?

4 Probable, vous avez dit probable !

p. 33

pp. 123-124

14 Les chaussettes de l'archiduc

Dans le tiroir de la commode, il y a 5 paires de chaussettes bleues, 4 paires blanches et 3 paires rouges. Il fait noir dans la pièce et l'archiduc ne souhaite pas réveiller son épouse. Combien de chaussettes devra-t-il extraire au minimum afin d'être certain de posséder deux chaussettes de la même couleur ?

Il doit également prendre des gants. Il y a 5 paires de gants blancs et 4 paires noires. Combien de gants devra-t-il prendre pour être sûr d'avoir une paire de la même couleur ?

Attention : les chaussettes et les gants ne sont pas rangés par paires, mais en vrac.

15 Numérologie minéralogique

Sur les plaques minéralogiques, il n'y a pas les lettres O et I pour ne pas les confondre avec le 0 et le 1.
Quelle est la probabilité pour que les 2 lettres de la plaque minéralogique d'une voiture correspondent aux initiales du propriétaire de la voiture ? (On ne considérera que les départements à 2 chiffres, et les cas particuliers (corps diplomatique...) seront inclus dans les possibilités). Quelle est la probabilité pour que le nombre à 4 chiffres de la plaque minéralogique corresponde à l'année de naissance du propriétaire de la voiture, né au vingtième siècle et en âge de conduire seul ?

16 Le problème d'Appolonius

Combien existe-t-il de manières différentes d'ajouter un 4e cercle aux 3 cercles déjà existants de telle façon que les 3 cercles soient tangents au 4e cercle ?

17 Mi-inscrit, mi-circonscrit

On imagine un cercle, tangent à un carré, et passant par les deux sommets opposés, comme le montre la figure ci-dessous.

1) Comment déterminer le centre du cercle ?
2) Pourriez-vous calculer la distance d, connaissant 2a, la longueur d'un côté du carré ?

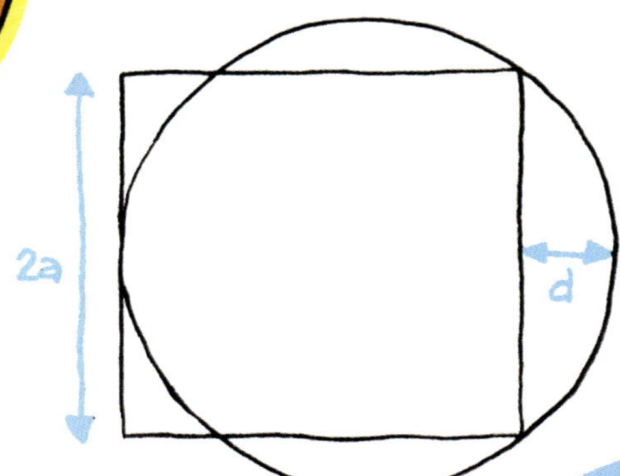

5 On tourne en rond

p. 33

pp. 124-125

18 Mi-angle, mi-raison

On imagine un segment [CD].
Où faut-il placer le point E sur le cercle $\mathcal{C}$ pour que l'angle CED soit maximal ?

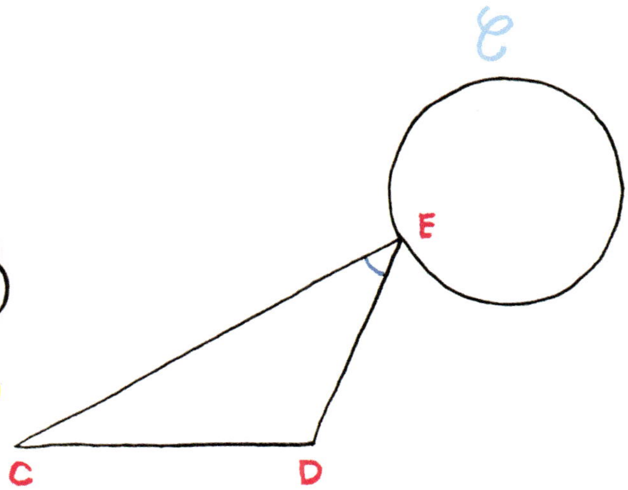

19 Ça tourne. Action !

Deux cercles identiques sont en contact avec un rectangle en un même point. L'un, à l'intérieur, l'autre à l'extérieur du rectangle. Les 2 cercles commencent à rouler dans le plan du périmètre du rectangle, et ce jusqu'au retour à leur point de départ.
Si la largeur du rectangle est le double de la circonférence des cercles et si sa longueur est égale à 2 fois sa largeur, combien de révolutions fera chaque cercle ?

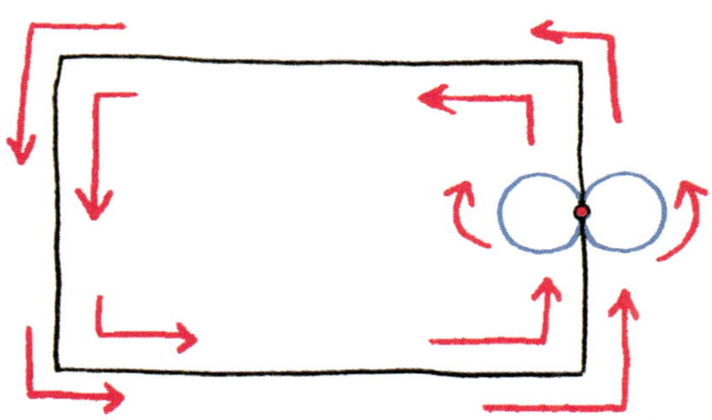

20
21

20 Échecs en blanc et noir

Les cases de cet échiquier ont été bouleversées.

Quel est le nombre minimal de transformations qu'il faut effectuer pour rétablir le bon ordre, sachant qu'une transformation consiste à inverser la position de deux cases adjacentes ?
(La case en bas à droite d'un échiquier est blanche)

6 Une case en moins

p. 34

p. 125

21 Diviser pour mieux régner

Soit un nombre à 8 chiffres :

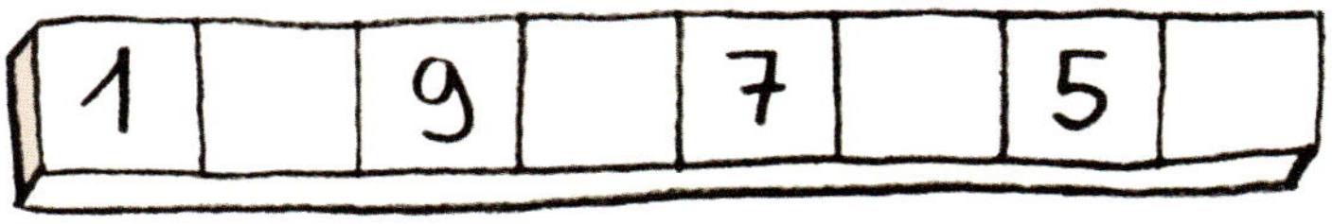

Combien y a-t-il de façons de compléter les cases vides pour que ce nombre de 8 chiffres soit à la fois divisible par 2, par 5 et par 9 ?

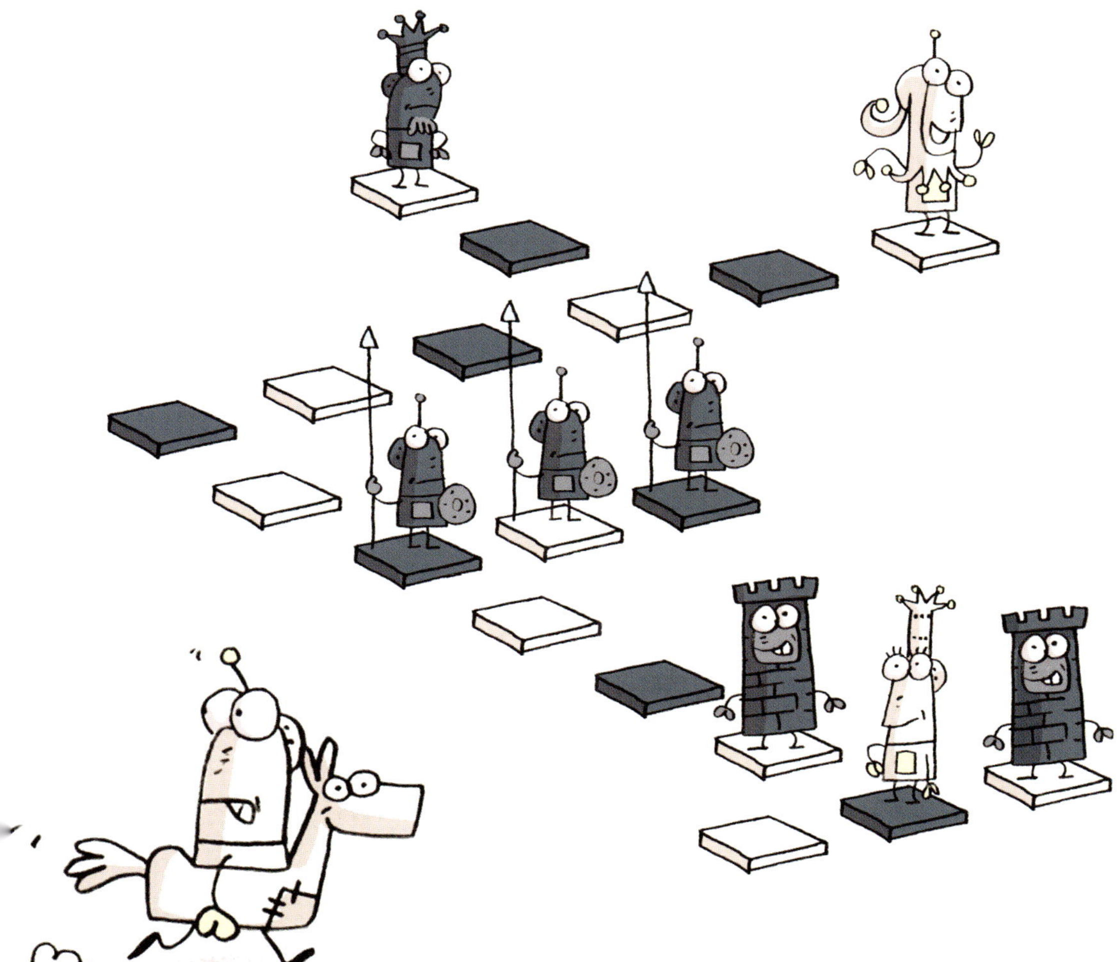

22 Énigme des 3 filles

Deux vieux amis se rencontrent dans la rue. Ils ne se sont pas vus depuis des années. L'un des deux annonce à son ami : « J'ai trois filles ». L'autre, curieux, demande à son ami leur âge. Et l'homme de répondre : « Si on multiplie l'âge de mes filles, on obtient 36 ».
L'autre, perplexe, ne peut pas déterminer leur âge.
Alors, le père de famille lui dit : « La somme de leurs âges est égale au numéro de la maison d'en face. »
L'autre regarde la maison d'en face et ne peut toujours pas conclure.
Le père continue : « L'aînée est blonde ». L'autre répond : « J'ai trouvé ! »
Comment a-t-il pu trouver ? Quel est l'âge des trois filles ?

23 L'âge canonique

Jean observe son arbre généalogique. Il se rend compte qu'en divisant l'année de naissance de son arrière-arrière grand-mère Louise, née au XVIIIe siècle, par une année du règne du Mérovingien Childebert Ier, il trouve 3,285714285714 ....

En quelle année est née son arrière-arrière grand-mère ?

7 Vous ne les faites pas !

p. 34

pp. 125-126

24 Sire, un an c'est une révolution...

Depuis ma naissance, j'ai eu à chaque anniversaire un gâteau décoré du bon nombre de bougies. J'ai jusqu'à ce jour soufflé 231 bougies. Quel est mon âge ?

25 Anniversaires et probabilités

Vingt-trois personnes sont réunies dans une pièce. L'ambiance est un peu froide. Au cours de la conversation, elles en viennent à parler d'anniversaire. Moi, je suis né un 21 février dit une première personne. « Oh moi aussi », rétorque une deuxième personne. « C'est plutôt rare que ça arrive, on n'est que 23. Mais ça arrive ! Nous n'avons plus qu'à former un club ! »
Quelle est la probabilité pour que 2 personnes, parmi 23, soient nées le même jour ?

26 Un constat à l'amiable

Qu'ont de particulier ces 2 nombres que l'on qualifie « d'amiables » : 220 et 284 ?
Quel est le nombre amiable de 1 210 ?

26
27
28

1 + 2 + 3 + 4 + ... + n - 2 + n - 1 + n

On raconte que c'est le jeune Gauss qui trouva une méthode pour calculer cette somme.

Le mathématicien allemand Carl Friedrich Gauss est né en 1777. Ce scientifique polyvalent apporta sa contribution dans différents domaines avant de s'éteindre en 1855.
Ce que les mathématiques doivent à Gauss : les congruences, la courbure des surfaces, un théorème sur la construction des polygones réguliers par la géométrie élémentaire et des formules nouvelles sur les fonctions eulériennes. On lui doit également la théorie des erreurs et la célèbre Courbe de Gauss, en forme de cloche, qui donne la densité de probabilité d'une variable aléatoire.
Ce que la physique doit à Gauss : en mécanique céleste, il élabora dès 1775 la méthode des moindres carrés permettant de calculer la trajectoire des planètes. L'application qu'il en fit à la planète Cérès lui assura la nomination au poste de directeur de l'observatoire de Göttingen (1807).
Nous lui devons, entre autres, le magnétomètre, une explication mathématique du magnétisme terrestre, des travaux sur la distribution des charges à l'intérieur d'une surface fermée (théorème de Gauss) et la théorie des systèmes centrés.

8 Nombres et lumières

p. 34

p. 126

27 Une addition astronomique

Pour une valeur de n donnée, que vaut
1 + 2 + 3 + 4 + 5 + 6 + ... + n ?

28 Des élèves attentifs

Un professeur de mathématiques écrit un nombre de 4 chiffres au tableau (le chiffre des milliers étant évidemment différent de 0).
Quatre élèves lèvent la main pour parler.
Le premier dit : « Monsieur, votre nombre est un nombre premier. »
Le second dit : « Si on ôte 1 à votre nombre, il devient palindrome. »*
Un troisième s'exprime : « Si on lui ajoute 1, il a exactement 10 diviseurs, si on ne le compte pas lui-même, ainsi que le chiffre 1. »
Enfin, le quatrième : « Le produit des chiffres qui composent ce nombre est 0. »
Quel est ce mystérieux nombre ?

*** palindrome : qu'on lise de droite à gauche ou de gauche à droite, le nombre est le même.**

29 Sauts de grenouille

Une grenouille saute sur des nénuphars.
Elle peut sauter sur le nénuphar suivant.
Et, elle peut également atteindre le nénuphar d'après.
La grenouille ne revient jamais en arrière.
Il y a 10 nénuphars alignés. La grenouille part du premier.
Quel est le nombre de possibilités pour atteindre le dernier nénuphar ?

29
30

30 Les lapins de Fibonacci

Au XIIIe siècle, Leonardo Fibonacci, jeune mathématicien italien, publia un livre appelé *Liber Abaci,* dans lequel se trouvait l'énigme suivante : chaque mois, un couple de lapins donne naissance à un autre couple. Ce nouveau couple commence à se reproduire deux mois après.
Combien de couples de lapins produira un seul couple de lapins en 1 an, en supposant qu'aucun ne meure et que chaque paire sera bien composée d'un mâle et d'une femelle ?

9 Nos amies les bêtes

pp. 34-35

p. 126

Fibonacci

Né en 1170 à Pise, il est le premier grand mathématicien à adopter et à vulgariser le système de numérotation indo-arabe. Les ouvrages qu'il a laissés contiennent les principaux résultats d'algèbre et de géométrie connus par les arabes.

Ce que les mathématiques doivent à Fibonacci : la résolution de certains problèmes célèbres (comme, trouver x pour que $x^2 - 5$ et $x^2 + 5$ soient deux carrés parfaits).

Fibonacci est surtout connu pour une suite récurrente simple dont le premier et le deuxième terme sont égaux à 0 et 1. Chaque terme de la suite est égal à la somme des deux précédents.

$$u_0 = 0$$
$$u_1 = 1$$
$$u_2 = 1$$
$$u_3 = 2$$
$$u_4 = 3$$
$$u_5 = 5$$
$$u_6 = 8$$
$$u_7 = 13$$
$$u_8 = 21 \ldots$$

Cette suite possède la propriété curieuse suivante : le rapport de deux termes consécutifs de la suite (u_{n+1}/u_n) , tend vers une valeur égale à 1,618, quand n tend vers de très grandes valeurs. C'est le fameux nombre d'or. Ce nombre fut ainsi nommé par les artistes de la Renaissance. Il est égal précisément au rapport $(1+\sqrt{5})/2$, solution de l'équation du second degré suivante : $x^2 = x + 1$.

Utilisé en peinture et en architecture (pyramide de Cheops, Parthénon), il symboliserait la perfection dans le rapport des dimensions d'une œuvre.

31 Perds pas la bille !

Quatre enfants A, B, C et D possèdent des billes.

1) Si A donne la moitié de ses billes à B, si B donne (après le don de A) la moitié de ses billes à C et si C (après le don de B) donne la moitié de ses billes à D, alors A et D auront le même nombre de billes.

2) Si D donne la moitié de ses billes à C, B et C en auront autant.

3) Si C donne toutes ses billes à B, B en aura le double de D.

4) Si D donne toutes ses billes à B, B en aura le triple de C.

Combien ont-ils de billes à eux quatre ?

31
32

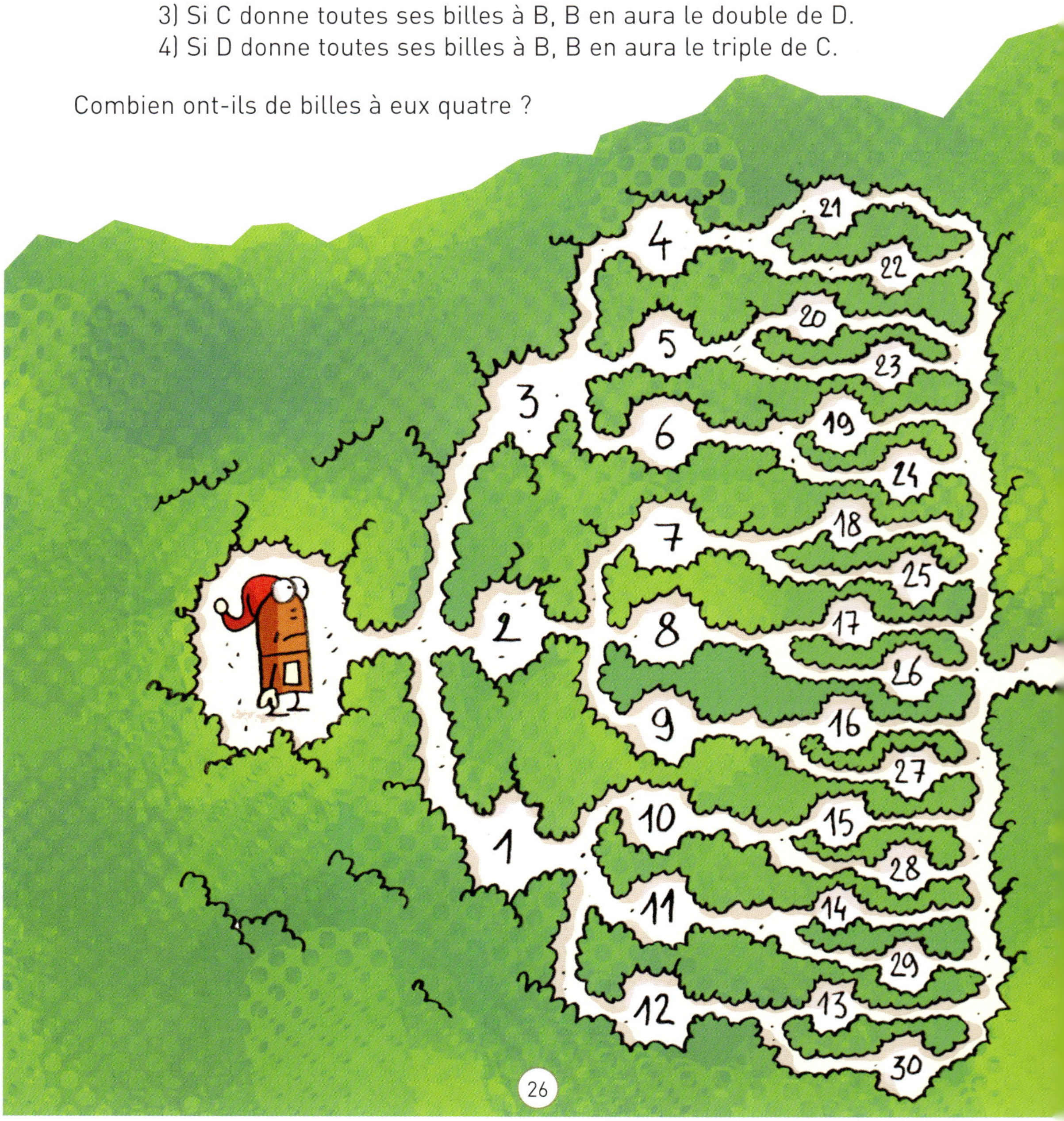

10 L'art de l'enfance

p. 35

p. 127

32 Le petit Poucet

Le petit Poucet est perdu au cœur de la forêt. Heureusement, pour retrouver le chemin de sa maison, il a semé un certain nombre de cailloux à 6 endroits différents.
Dans la première moitié de son trajet, il se souvient d'avoir semé un nombre de cailloux divisible par 7, un divisible par 3 et un autre nombre qui, lui, est premier. Et comme il n'a pas beaucoup de mémoire, il décida de faire de même dans la deuxième partie.

Combien le petit Poucet a-t-il semé de cailloux ?

33 Avec nombres impairs

Pourriez-vous compléter le carré magique 3 x 3 suivant avec des nombres impairs : 1-3-5-7-9-11-13-15-17 ?
On rappelle que, dans un carré magique, la somme des lignes, des colonnes et des diagonales est la même.

34 Le carré de Clifford Pickover

Complétez le carré suivant en conservant les nombres aux coins et en utilisant les chiffres de 5 à 12. Les lignes et les colonnes donnent la même somme.

11 Figures magiques

p. 35

p. 127

35 Étoile à 5 branches

Pouvez-vous placer les nombres 1, 2, 4, 5, 6, 8 et 12 de telle manière que la somme de chaque ligne droite soit égale à 24 ?

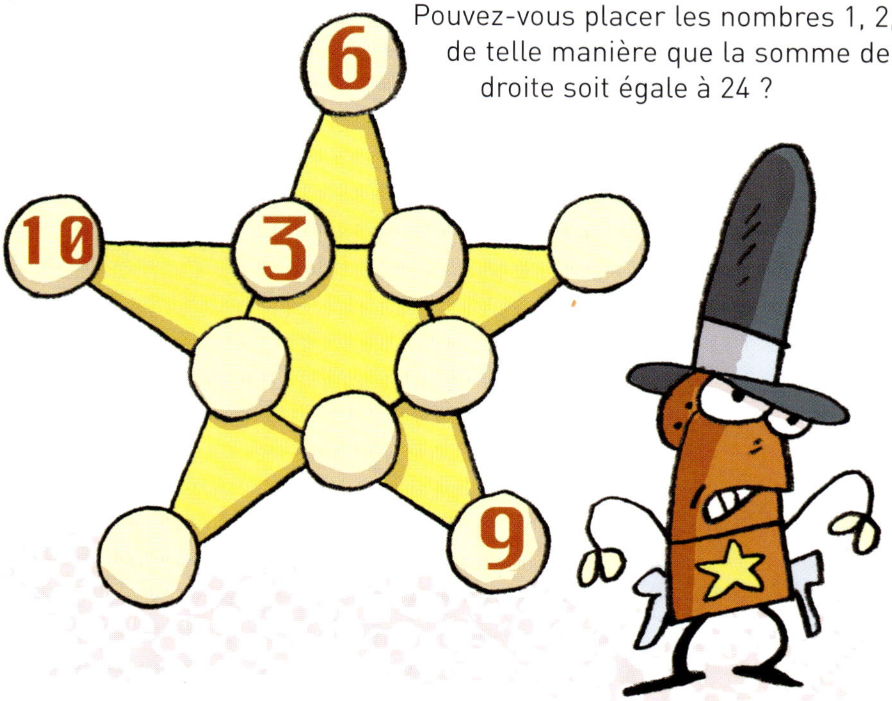

36 Et à 3 dimensions

Pourriez-vous placer les nombres 1, 2, 3, 4, 5, 6, 7, 8, 9, 10 et 11 pour que la somme des nombres de chaque face soit égale à 26 ?

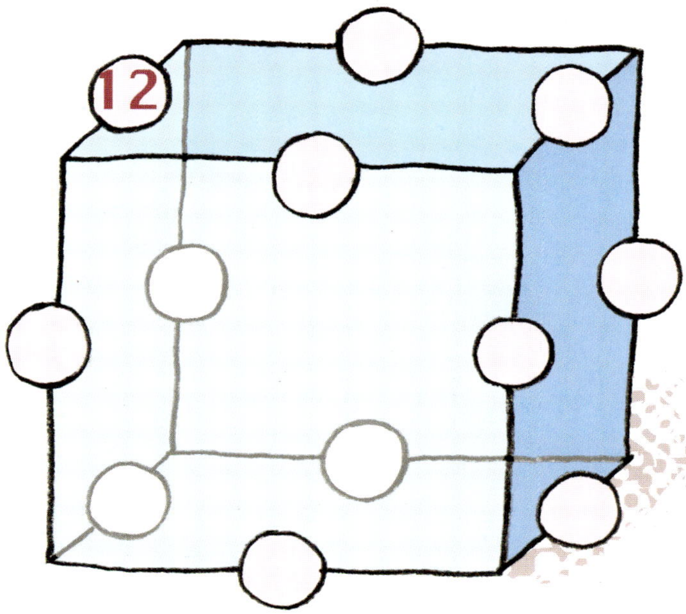

37 Les uns à la suite des autres

Le célèbre théorème de Pythagore fournit une relation entre les carrés des longueurs d'un triangle rectangle.
Si le triangle est rectangle, alors
$a^2 + b^2 = c^2$

Pouvez-vous trouver les longueurs des côtés d'un triangle rectangle pour que celles-ci soient des entiers naturels consécutifs ?

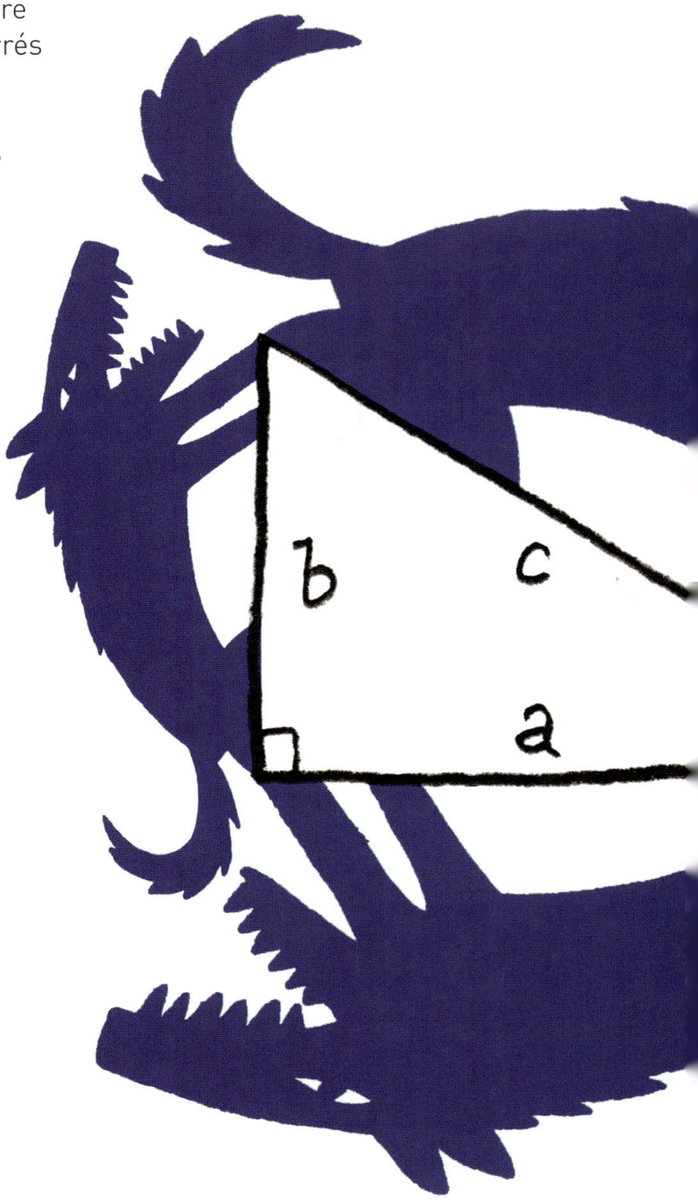

38 Les uns à la suite des autres : variante nombres pairs

Pouvez-vous trouver les longueurs des côtés d'un triangle rectangle pour que celles-ci soient des entiers naturels pairs consécutifs ?

12 Un sacré théorème

p. 35

p. 128

Le grand théorème de Fermat

Très ressemblant par la forme à celui de Pythagore, il resta sans démonstration pendant plus de trois cents ans, jusqu'à ce qu'il soit démontré par le Britannique Andrew Wiles en 1994 : l'équation $x^n + y^n = z^n$ n'a pas de solution entière pour ná2. Sa démonstration tenait sur plus de 200 pages et employait des notions mathématiques inconnues à l'époque de Fermat.
Pourtant, en l'année 1637, Fermat annotait dans la marge d'un recueil des œuvres de Diophante : « J'ai découvert une démonstration assez remarquable de cette proposition, mais elle ne tiendrait pas dans cette marge. » Cette mystérieuse conjecture intéressa les plus grands mathématiciens à travers les siècles : Gauss, Legendre, Sophie Germain, Kummer...

39 Les uns à la suite des autres : variante nombres impairs

Pouvez-vous trouver les longueurs des côtés d'un triangle rectangle pour que celles-ci soient des entiers naturels impairs consécutifs ?

INDICES
Chapitres 1 à 12

1 Décomposition de nombres

- **1** Pensez à des carrés simples pour le n° 15, en sachant qu'il peut y avoir des carrés identiques.
Pour le n° 60, il y a 3 sortes de carrés.

- **2** 1) Cette décomposition n'est pas unique. On peut essayer de déterminer les carrés parfaits, les plus grands, inférieurs à 2 003, c'est-à-dire 1 936 ($= 44^2$), 1 849 ($= 43^2$), 1 704 ($= 42^2$)... et voir ce qui leur manque pour atteindre 2 003.
2) Les premières puissances quatrièmes sont 1, 16, 81, 256, 625, 1 296, ...

- **3** 2 520 est divisible par 5. Ainsi, le troisième chiffre est 5.
Ce qui donne des renseignements sur la somme 30 - (9 + 1 + 5) = 15

- **4** Essayez de soustraire les carrés entre eux.

2 De temps en temps...

- **5** On s'intéresse aux intervalles entre les coups. Pour 6 coups, il y a 5 intervalles.

- **6** Au bout d'un jour, à 12 h 00, la montre de Lepaute indiquera 12 h 05, celle de Beaumarchais, 11 h 55. Au bout de 12 jours, celle de Lepaute indiquera 13 h 00, celle de Beaumarchais, 11 h 00.

- **7** La petite aiguille se déplace selon un angle de 30 degrés en une heure.
La grande aiguille se déplace selon un angle de 360 degrés en 1 heure.
La prochaine coïncidence se produira forcément après 01 h 00. On prend donc 01 h 00 pour origine des temps, et le nombre 12 pour origine des angles. À cette heure, la grande aiguille est sur le 12, ce qui correspond à un angle de 0 degré. La petite aiguille est sur le 1, ce qui correspond à un angle de 30 degrés. Ainsi, on cherche le temps T en heure tel que : 30 T + 30 (les degrés d'avance) = 360 T

3 Il ne manque pas d'aire !

- **8** Surface du grand carré jaune : a^2
Surface du disque vert : $\pi \left(\frac{a}{2}\right)^2 = \pi \frac{a^2}{4}$
Surface jaune restante dans le grand carré :
$a^2 - \pi\left(\frac{a^2}{4}\right) = a^2\left(1 - \frac{\pi}{4}\right)$

Surface du carré moyen jaune : $\left(\frac{a}{\sqrt{2}}\right) \times \left(\frac{a}{\sqrt{2}}\right) = \frac{a^2}{2}$
Il s'agit de calculer la surface jaune restante dans le carré moyen.

- **9** L'aire des deux lunules est égale à l'aire du triangle. Mais pourquoi ?

- **10**

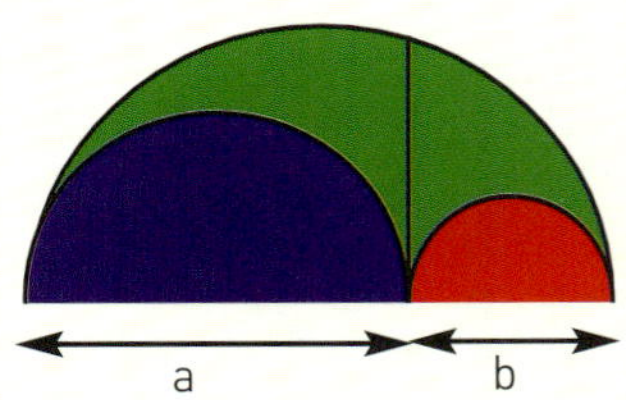

Aire de la surface bleue : $\frac{\left(\pi\left(\frac{a}{2}\right)^2\right)}{2}$

Aire de la surface rouge : $\frac{\left(\pi\left(\frac{b}{2}\right)^2\right)}{2}$

Aire de la surface verte :
$\frac{\left(\pi\left(\frac{a+b}{2}\right)^2\right)}{2} - \frac{\left(\pi\left(\frac{a}{2}\right)^2\right)}{2} - \frac{\left(\pi\left(\frac{b}{2}\right)^2\right)}{2} = \pi \frac{ab}{4}$

pp. 122-124

▸ **11**

4 Probable, vous avez dit probable !

▸ **12** 1) On tire les jetons 1 par 1. Il y a 4 chances sur 9 de tirer l'une des boules qui nous intéresse lors du premier tirage. Puis 3 chances sur 8 de tirer l'une des boules qui nous intéresse lors du 2e tirage…

2) On tire les jetons 1 par 1. Il y a une chance sur 9 de tirer le « 2 », 2 chances sur 8 de tirer le « 0 »…

▸ **13** Dénombrez le nombre de possibilités s'il y avait deux médecins.

Malade n°1
Malade n°2
Malade n°3
Malade n°4

Médecin A
Médecin B

Il y 16 possibilités d'appels (2^4). Il y a 2 possibilités pour appeler le même médecin.

Probabilité $= \frac{2}{16} = \frac{1}{8}$

▸ **14** Ce problème est plus simple qu'il n'y paraît. N'oubliez pas qu'il y a des gants pour la main gauche et d'autres pour la main droite.

▸ **15** 1) AA, AB, AC, … Il y 26 x 26 possibilités. Il faut penser à retirer des possibilités.

2) On ne considère que les nombres à 4 chiffres. Donc, pensez à supprimer tous les autres.

5 On tourne en rond

▸ **16** Voici deux solutions, il y en a d'autres…

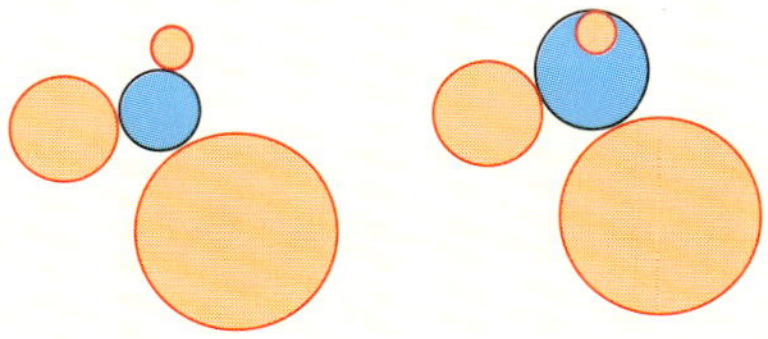

▸ **17** Le triangle vert est un triangle isocèle. Le cercle rouge est le cercle circonscrit au triangle vert.

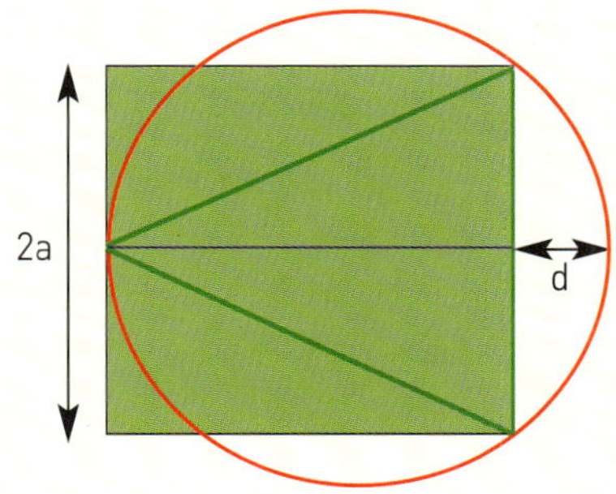

▸ **18**

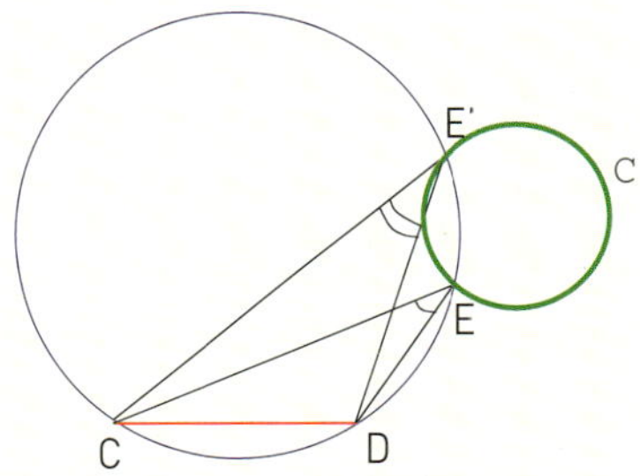

Le point E engendre un triangle.
Le triangle circonscrit à ce triangle coupe le cercle C en deux points E et E'.

▸ **19** Cercle extérieur :
1 largeur l équivaut à 2 x $2\pi r$ soit $4\pi r$ soit 2 tours ;
1 longueur L équivaut à 4 tours.
Cercle intérieur :
Le cercle intérieur ne parcourt pas une largeur complète mais une largeur moins 2 rayons de cercle. C'est-à-dire par proportionnalité :
1 largeur l - 2r équivaut à $\frac{[(l - 2r) \times 4\pi r]}{l}$

$[(l - 2r) \times \frac{2}{l}] \times 2\pi r$

$[(l - 2r) \times \frac{2}{l}]$ tours

INDICES
Chapitres 1 à 12

6 Une case en moins

▸ **20** Il y a deux sortes de lignes. Les lignes qui doivent laisser une case blanche à droite et celles qui doivent laisser une case noire.

Voici comment obtenir une ligne avec une case blanche à droite :

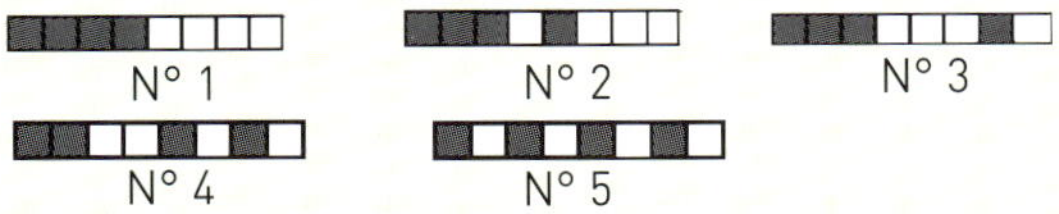

De la position n° 1 à la position n° 2 : 1 transformation
De la position n° 2 à la position n° 3 : 2 transformations
De la position n° 3 à la position n° 4 : 2 transformations
De la position n° 4 à la position n° 5 : 1 transformation

▸ **21**

1	a	9	b	7	c	5	d

• Pour que le nombre soit divisible par 9, il faut que 1 + 9 + 7 + 5 + a + b + c + d soit divisible par 9, c'est-à-dire, a + b + c + d égal à 5, 14, 23, 32.
• Pour que le nombre soit divisible par 2, il faut que d soit égal à 0, 2, 4, 6, 8.
• Pour que le nombre soit divisible par 5, il faut que d soit égal à 0 ou 5.
D'après les deux derniers indices, d = 0.

7 Vous ne les faites pas !

▸ **22** Pour obtenir 36, il y a plusieurs possibilités.
1 x 2 x 18 = 36
1 x 3 x 12 = 36
1 x 4 x 9 = 36
1 x 6 x 6 = 36
2 x 2 x 9 = 36
2 x 3 x 6 = 36
3 x 3 x 4 = 36
Essayez d'effectuer les sommes et d'exploiter le 2e indice fourni par le père de famille.

▸ **23** Pour commencer, remarquons que les décimales sont cycliques de période 285714
Notons x le résultat trouvé.
x = 3,285714285714...

a) On remarque que
(x-3)/1 000 000 = 0, 000 000 285714 285714...
(On divise par 1 000 000 car la période est composée de 6 chiffres).

b) On remarque également que
x - (3 + 285 714/1 000 000) = 3,285714285714... - 3, 285714 = 0, 000 000 285714 285714...

Il s'agit de résoudre une équation en comparant les expressions trouvées au a) et au b).

▸ **24** Trouvez une expression simple de
1+2+3+4+5+6+ ... + n (voir le jeu 27)

▸ **25** Raisonnons sur 2 personnes.
a) Quelle est la probabilité pour que mon ami soit né le même jour que moi ?
1 chance sur 365.
C'est-à-dire $P = \frac{1}{365}$

b) On pourrait également se poser la question de l'événement contraire : quelle est la probabilité pour que mon ami ne soit pas né le même jour que moi ? 364 chances sur 365.
C'est-à-dire $P = \frac{364}{365} = 1 - \frac{1}{365}$

8 Nombres et lumières

▸ **26** Essayez de calculer leurs diviseurs.

▸ **27** Ne pourrait-on pas essayer de calculer deux fois cette addition ?

▸ **28** En exploitant la remarque du second élève, et en tenant compte de celle du quatrième, les nombres possibles sont :
1 002 (1 002 – 1 = 1 001 qui est un palindrome)
2 003 (2 003 – 1 = 2 002 qui est un palindrome)
3 004 (3 004 – 1 = 3 003 qui est un palindrome)
4 005 (4 005 – 1 = 4 004 qui est un palindrome)
5 006 (5 006 – 1 = 5 005 qui est un palindrome)
6 007 (6 007 – 1 = 6 006 qui est un palindrome)
7 008 (7 008 – 1 = 7 007 qui est un palindrome)
8 009 (8 009 – 1 = 8 008 qui est un palindrome)

9 Nos amies les bêtes

▸ **29** Commençons à raisonner sur 2 nénuphars, 3 nénuphars, puis 4 nénuphars...

Lorsqu'il y a 2 nénuphars, il n'y a qu'une seule possibilité.
Lorsqu'il y a 3 nénuphars, il y a 2 possibilités.

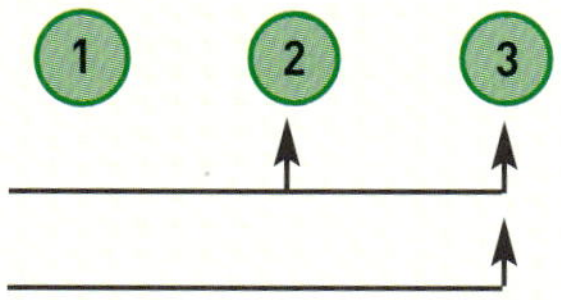

Lorsqu'il y a 4 nénuphars, il y a 3 possibilités.

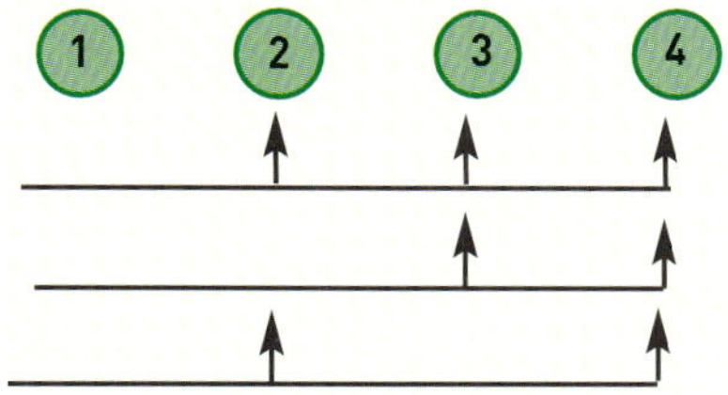

▸ **30** Au mois de janvier, le premier couple C_1 de lapins donne naissance à un deuxième couple C_2.
Au mois de février, C_1 donne naissance à C_3.
Au mois de mars, C_1 donne naissance à C_4 et C_2 donne naissance à C_5.

10 L'art de l'enfance

▸ **31** Soit a, b, c, d le nombre de billes de chaque enfant au départ.
La première donnée est la plus longue à écrire :

$$\frac{a}{2} = \frac{d + \frac{\frac{(b+\frac{a}{2})}{2} + c}{2}}{2}$$

Les trois autres indices sont plus simples :

2) $c + \frac{d}{2} = b$

3) $c + b = 2d$

4) $b + d = 3c$

▸ **32** Un chemin est à éliminer : celui qui commence par 58. 58 n'est ni premier, ni divisible par 7, ni divisible par 3.
Le chemin qui commence par 59 (nombre premier) doit continuer par 54 qui est divisible par 3, mais n'aboutit pas puisque ni 36, ni 43 ne sont divisibles par 7.

11 Figures magiques

▸ **33** La somme des lignes, des colonnes et des diagonales est égale à 27. Le 9 est au centre du carré.

▸ **34** Les lignes et les colonnes doivent être égales à 22.
Il y a 6 façons de remplir ce carré.

▸ **35**

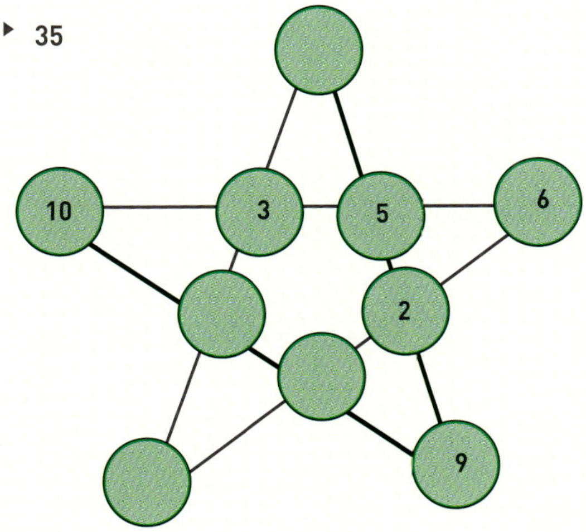

▸ **36**

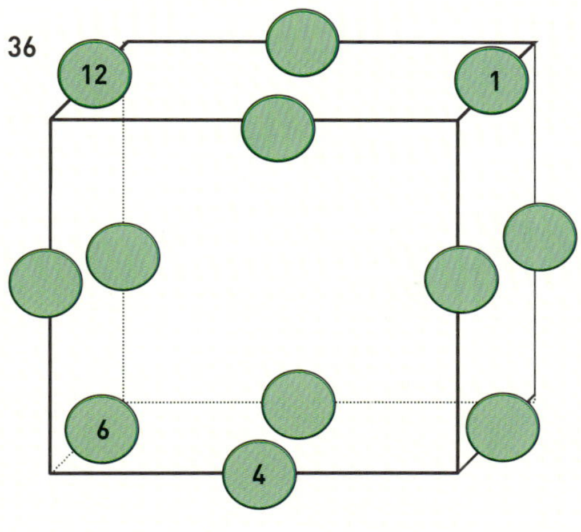

12 Un sacré théorème

▸ **37** Si x est l'un des côtés,
x - 1 et x + 1 sont les deux autres côtés.

▸ **38** Si 2x est l'un des côtés,
2x - 2 et 2x + 2 sont les deux autres côtés.

▸ **39** Si 2x - 1 est l'un des côtés,
2x - 3 et 2x + 1 sont les deux autres côtés.

pp. 125-128

40 Le tapis roulant capricieux

Dans le métro parisien, il y a ce jour-là un tapis roulant capricieux. Il change de sens toutes les 5 secondes. Quand notre voyageur pose le pied dessus, il fonctionne dans le sens normal.
Cinq secondes plus tard, il change de sens et fonctionne en sens inverse, et ainsi de suite toutes les 5 secondes.

Sachant que le tapis se déplace (quel que soit le sens) à 1 m/s, comment notre voyageur devra-t-il adapter son allure pour parcourir une distance de 70 mètres en exactement 45 secondes ?

41 Messager du roi

Vous vivez sous le règne de Louis XI et le roi vous confie un message à porter promptement, à 15 kilomètres de Paris.
Vous allez chez le maréchal-ferrant et celui-ci vous propose 2 chevaux.
Le premier cheval court rapidement au début mais s'essouffle vite. L'autre court moins vite au début mais s'essouffle moins vite.

Cheval n° 1
13 km/h pendant les 5 premiers km.
9 km/h pendant les 5 suivants.
5 km/h pendant les 5 derniers.

Cheval n° 2
11 km/h pendant les 5 premiers km.
9 km/h pendant les 5 suivants.
7 km/h pendant les 5 derniers.

Quel cheval allez-vous choisir pour satisfaire le roi ?

13 Excès de vitesse

p. 60

p. 128

42 La traversée du fleuve

Paris 1787. Il fait nuit. Quatre prisonniers s'échappent de la Bastille. Ils doivent traverser la Seine et n'ont qu'une petite chandelle pour les éclairer : leur temps est compté. Ils trouvent, rive droite, une barque. La barque contient au maximum 2 personnes et se déplace à la vitesse de celui qui rame le plus lentement. Parmi les 4 personnes, le prisonnier P_3 met 8 minutes à traverser, P_4 met 4 minutes, P_2 met 2 minutes pour traverser et P_1 met 1 minute.

Comment doit s'organiser la traversée jusqu'à la rive gauche pour qu'elle se déroule en un minimum de temps ?

43 Le ballon dans l'eau

Un homme doit rechercher un ballon qui est tombé dans l'eau. L'homme part de la plage, des rochers le gênent sur le parcours. Sachant que sa vitesse de déplacement dans l'eau est 2 fois moins rapide que sa vitesse de déplacement dans le sable, quelle trajectoire devra-t-il suivre pour minimiser le temps de parcours ?

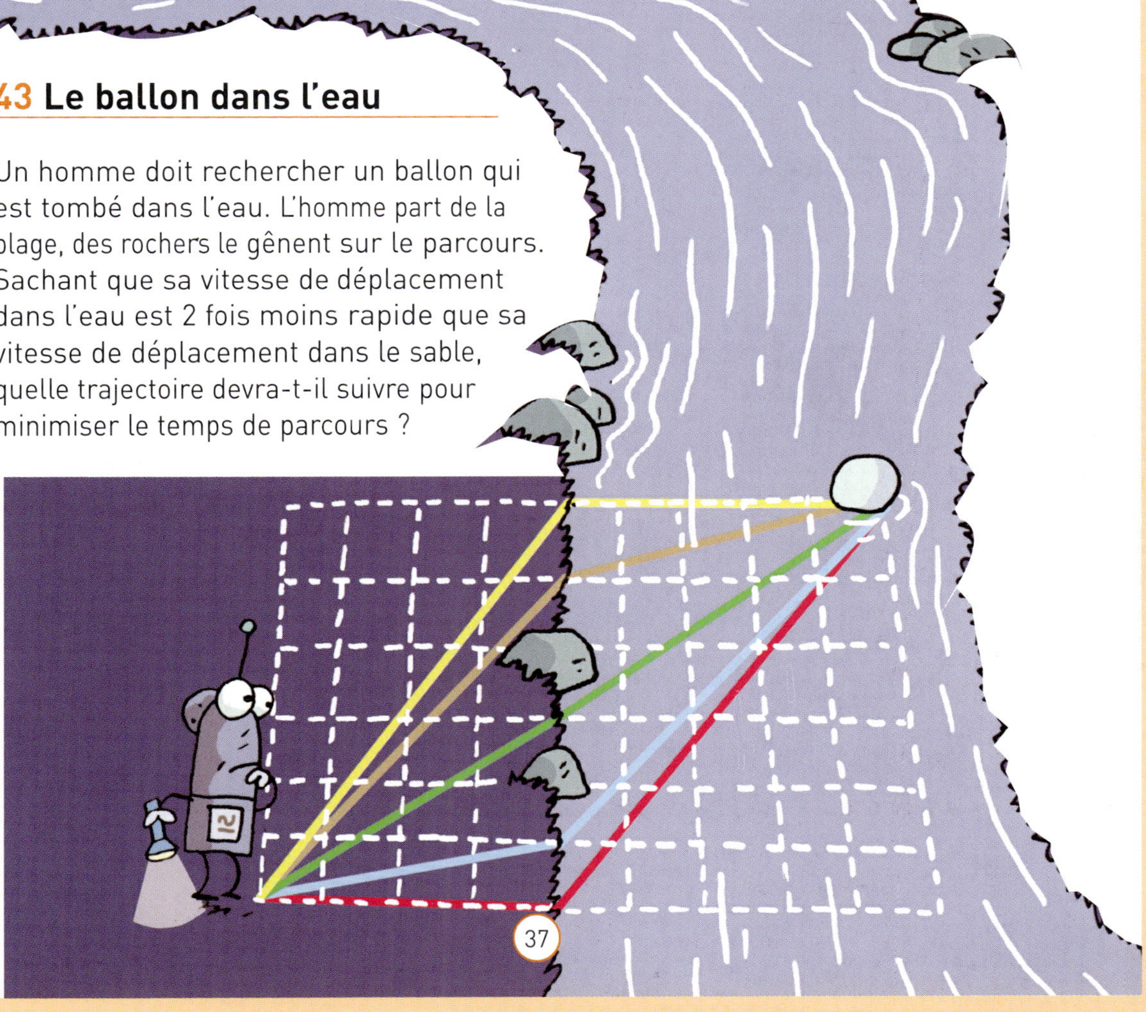

44 L'échiquier volé

Imaginons un échiquier de 64 cases. On retire les 2 cases extrêmes en diagonale.

Peut-on couvrir cet échiquier tronqué avec 31 dominos (chaque domino occupant évidemment 2 cases) ?

LE JEU D'ÉCHECS

On raconte que le jeu d'échecs a été inventé par l'Indien Sissa, pour son rajah le roi Belkib. Conquis, le souverain voulut remercier Sissa et lui demanda ce qu'il voulait en récompense. Et Sissa répondit : « Je voudrais 1 grain de blé sur la
44 première case, 2 grains de blé sur la deuxième case, 4 sur la troisième case, et ainsi de suite en doublant à chaque fois. » Le roi intrigué accepta la demande de
45 son sujet sans se rendre vraiment compte de la quantité gigantesque que cela représentait.

$$1 + 2 + 4 + 8 + 16 + \ldots + 2^{63} = (2^{63} \times 2 - 1) / (2 - 1)$$
$$= (2^{63} \times 2 - 1) / (2 - 1)$$
$$= 2^{64} - 1$$
$$= 1{,}8 \times 10^{19}$$

Cette quantité dépasse encore aujourd'hui la récolte de blé de la terre entière (il faudrait 5 000 ans de récolte pour atteindre un tel chiffre).

Aux échecs, les blancs doivent commencer à jouer. Ils ont 20 façons de jouer le premier coup. Les noirs qui leur répondent ont également 20 façons de jouer. Après le 2e coup, il y a donc 400 configurations possibles de jeu.
Certains théoriciens ont calculé que les 10 premiers coups d'une partie peuvent être joués d'environ 170 000 milliards de milliards de milliards de manières !

En 1986, l'ordinateur Cray Blitz évaluait 100 000 positions à la seconde. Dix ans plus tard, en 1996, l'ordinateur Deep Blue, battu par Kasparov, évaluait 200 millions de positions par seconde.

p. 60

p. 129

45 La balade du cavalier

1) Pouvez-vous trouver le parcours que doit effectuer un cavalier pour parcourir toutes les cases d'un échiquier de 3 cases sur 4 sans repasser 2 fois par les mêmes cases ?

2) Pouvez-vous trouver le parcours que doit effectuer un cavalier pour parcourir toutes les cases d'un échiquier de 5 cases sur 5 sans repasser 2 fois par les mêmes cases ?

On rappelle que le cavalier se déplace de la manière suivante : 2 cases dans une direction et 1 case dans la direction perpendiculaire.

46 Manque de place ?

Combien de sphères peut-on faire entrer dans une sphère dont le diamètre est trois fois supérieur ?

46
47
48
49

47 Quel gâchis !

Comment vider exactement la moitié de cette tasse remplie au maximum ?

15 Pour donner du volume

p. 60

p. 129

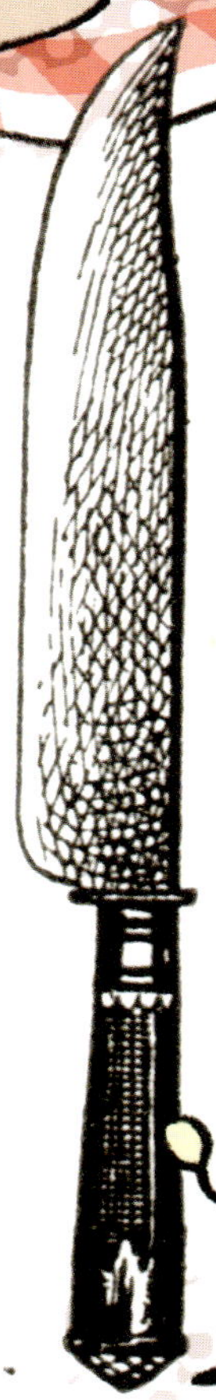

48 Fromage à la coupe

Comment partager ce fromage cylindrique en 8 parties égales en ne procédant qu'à 3 coupes ?

49 Quel partage !

Cinq coupes ont été nécessaires pour couper un gâteau en 15 parts. Pourriez-vous le partager en 16 parts avec seulement 5 coupes ?

50
51

50 Échelles en blanc et noir

Deux échelles sont appuyées contre un mur dans un couloir.
Une échelle blanche fait 6 mètres de long, l'autre noire fait 5 mètres de long.
Le couloir mesure 3 mètres de large.

À quelle hauteur se croisent les échelles ?

16 Et pour dessert : un point perdu !

p. 60

pp. 129-130

51 Pour prendre de la hauteur

On considère un triangle équilatéral. Un point M se trouve dans le triangle équilatéral. On trace les segments [MH], [AM] et [MT], comme le montre la figure ci-dessous.

Où faut-il placer le point M pour que la somme des longueurs MH + AM + MT soit minimale ?

52 Divisibilité

1) Montrez que $7^n - 5^n$ est divisible pour toute valeur de n. Quel est ce diviseur ?

2) Trouvez toutes les valeurs de n pour que $n^2 + (n+1)^2 + (n+3)^2$ soit divisible par 10.

53 Nombres transcendants !

Un nombre transcendant est un nombre qui n'est pas solution d'une équation polynomiale, c'est-à-dire une équation du type, $a_nX^n + a_{n-1}X^{n-1} + a_{n-2}X^{n-2} + \ldots a_0 = 0$ où a_n est un entier pour toute valeur de n.

Voici un exemple de nombre transcendant, celui de Champernowne :
0,123456789101112131415 ....

Quel est le 2 003e chiffre après la virgule ?

17 Et les nombres

pp. 60-61

pp. 130-131

54 Équations diophantiennes

Une équation diophantienne est une équation dont les solutions sont des nombres entiers.
Essayez de résoudre celles-ci :

1) $xy = 2x + 3y$

2) $\frac{1}{x} + \frac{1}{y} = \frac{1}{5}$

Montrez que l'équation suivante n'admet pas de nombres entiers pour solution :

3) $x^2 + 5y^2 = 3$

55 Repartir sur de bonnes bases

Nous utilisons dans la vie quotidienne la base décimale, c'est-à-dire celle qui utilise les puissances de 10 : 100, 101, 102, ...
Il existe en mathématiques d'autres bases. Par exemple le nombre 38 s'écrit **110** et **2** en base 3 car

Puissance de 3	$3^3 = 27$	$3^2 = 9$	$3^1 = 3$	$3^0 = 1$
	1	1	0	2

38 est égal à (27 x **1**) + (9 x **1**) + (3 x **0**) +(1 x **2**)

Essayez de trouver un nombre premier, qui s'écrit 123 dans une base comprise entre 2 et 10, et qui est un palindrome* en binaire.

*** palindrome : qu'on lise de droite à gauche ou de gauche à droite, le nombre est le même.**

56 Pièces en contact

Pourriez-vous mettre 16 pièces identiques à plat sur une table de sorte que chacune d'entre elles soit en contact avec exactement 3 autres pièces ?

Attention : chaque pièce doit être à plat et elles ne doivent pas se chevaucher.

57 Pile et face

Sept pièces sont posées en cercle côté face. Vous voulez les mettre côté pile, mais vous ne pouvez les retourner que si vous en retournez 5 à la fois.

Est-il possible dans ce cas de mettre les 7 pièces côté pile ?
Combien de coups sont nécessaires ?

18 Gardez la monnaie

p. 61

p. 131

58 Sous le fiel d'un pari

Si un de vos amis vous propose le jeu suivant :

- Mise 1,5 euro.
- Lance un dé.
- Si le 6 sort, je te donne 4,5 euros (le 1,5 euro de départ + 3 euros)
- Sinon, j'empoche ton 1,5 euro.

Acceptez-vous de jouer ?

59 La mystérieuse pièce

Trois amis vont boire un verre dans un bar. Ils doivent payer 2,5 euros pour les trois. Ils donnent donc chacun 1 euro. La serveuse garde 20 centimes d'euro pour elle et leur rend 10 centimes d'euro à chacun. Ils ont donc payé 90 centimes d'euro chacun plus 20 centimes d'euro de pourboire.

3 x 0,9 = 2,7 euros

2,7 + 0,2 = 2,9 euros

Où sont passés les dix derniers centimes d'euro ?

60 Les cinq solides de Platon

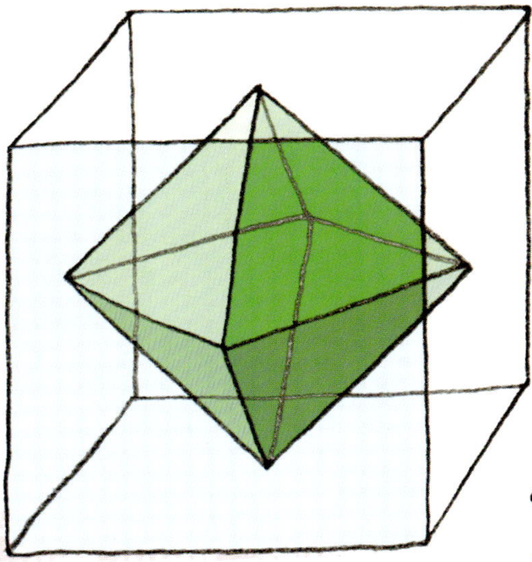

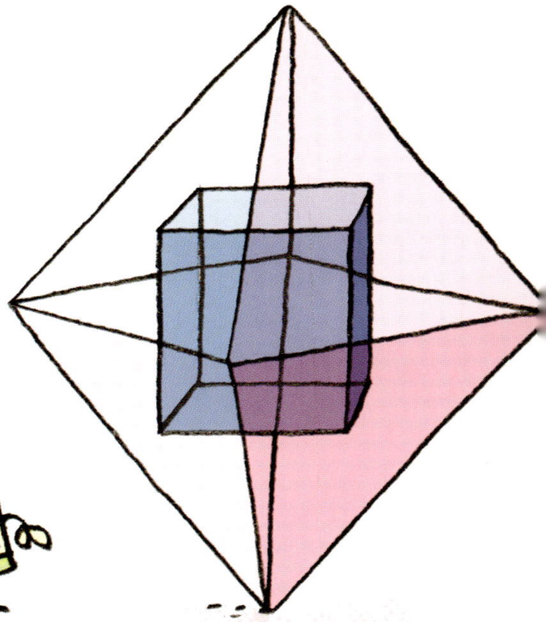

Cinq solides réguliers,
appelés solides platoniciens,
possèdent des propriétés
intéressantes.
Il s'agit du cube, solide à 6 faces
à base carrée, de l'octaèdre, solide à 8 faces à base triangulaire,
de l'isocaèdre, solide à 20 faces à base triangulaire,
du dodécaèdre, solide à 12 faces à base pentagonale
et d'un cinquième solide.

L'une des propriétés est la réciprocité des figures : « Lorsque l'on rejoint les milieux des faces du cube, on obtient un octaèdre et inversement ; lorsque l'on rejoint les milieux des faces de l'octaèdre, on obtient un cube ! »

De même, le dodécaèdre est la figure réciproque de l'isocaèdre.
Quelle est cette 5e figure qui est autoréciproque ?

19 Agrégation de figures... internes

p. 61

p. 131

61 Périphériques intérieur et extérieur

Un cercle se trouve à l'extérieur d'un carré. Un autre cercle se trouve, lui, à l'intérieur du même carré.

Quelle est la plus grande des deux surfaces : la rouge ou la bleue ?

62 Problème à 12 points

Pourriez-vous relier ces12 points en traçant des lignes sans lever la pointe de votre crayon ? Quel est le nombre minimal de lignes nécessaires ?

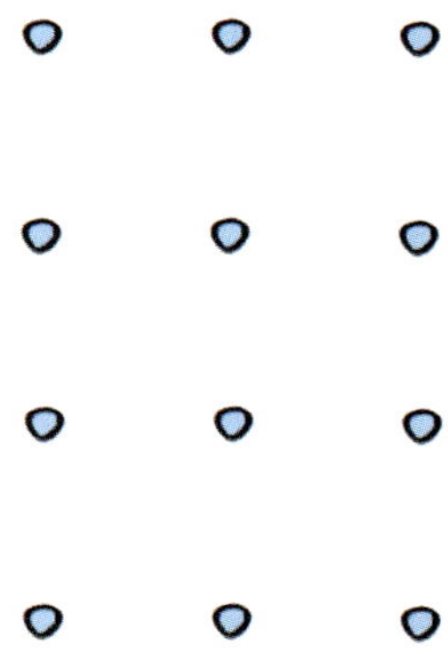

62
63
64
65

63 Arbres équidistants

Ces 3 arbres sont équidistants, c'est-à-dire que chacun se trouve à égale distance de chaque autre arbre. Peut-on avoir plus de 3 arbres équidistants ?

20 À la croisée des chemins

p. 61

p. 131-132

64 Problème à 16 points

Pourriez-vous relier ces16 points en traçant des lignes sans lever la pointe de votre crayon ? Quel est le nombre minimal de lignes nécessaires ?

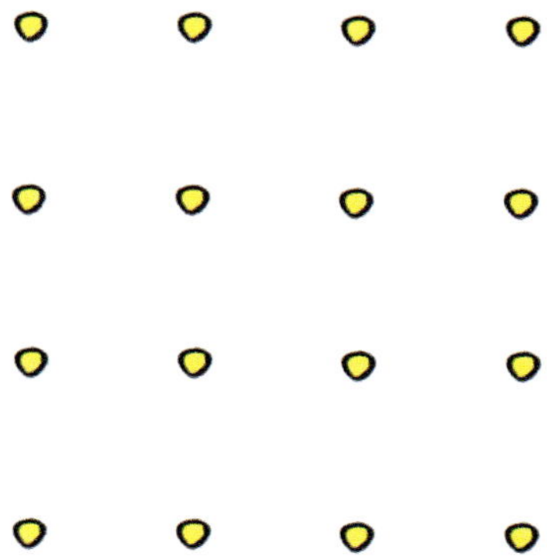

65 Les ponts de Königsberg

Est-il possible de traverser les 7 ponts de la rivière Pregel de la ville de Königsberg, en passant une fois et une seule sur chacun d'entre eux ?

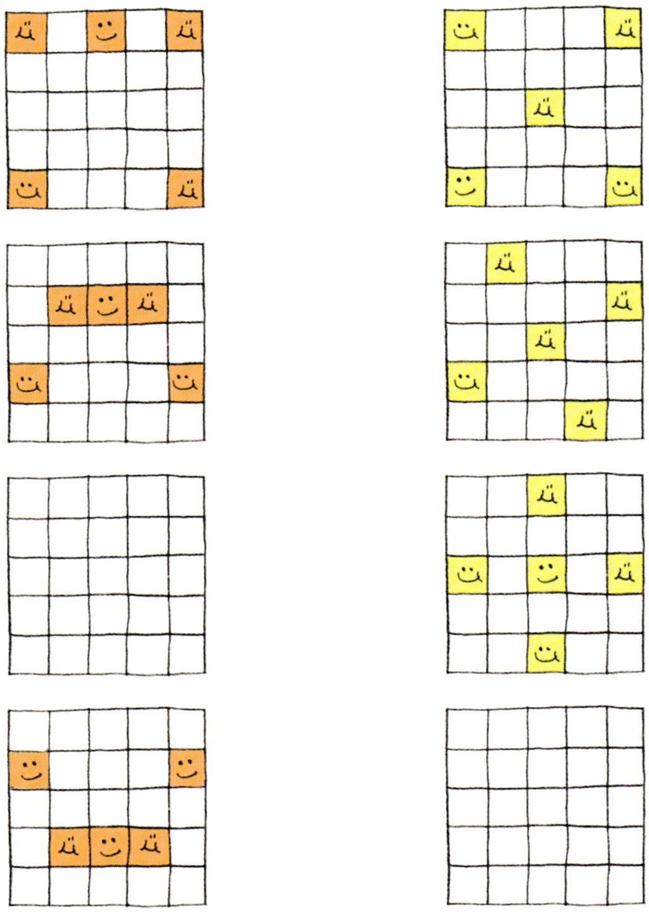

66 La danse des carrés

Chaque colonne représente la séquence des mouvements de 5 carrés. Pour chaque séquence, il manque une étape. Pouvez-vous la retrouver ?

21 Carrés en quadrille

p. 61

p. 132

67 Le jeu de la vie

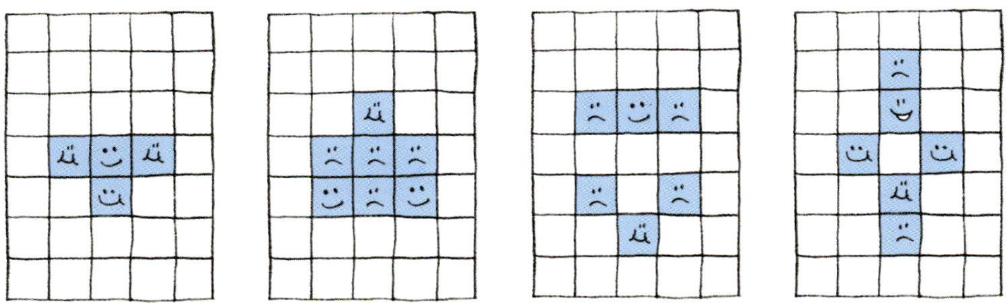

dessin 1

Le jeu de la vie a été inventé par John Conway, il y a une trentaine d'années. Depuis, il fait l'objet d'études approfondies. John Conway enseigne actuellement à l'université de Princeton.
Il se déroule sur un immense quadrillage. Chaque case est soit occupée, soit vide. Si une case est vide, et ses trois voisines sont occupées, alors une naissance se produit, et la case se remplit. La cellule reste en vie, si deux ou trois cases voisines sont occupées. Dans les autres cas, la cellule meurt et disparaît.

dessin 2

Exemple d'évolution (dessin 1)

dessin 3

Voici des figures stables à 4 cellules (dessin 2)
Et voici une figure stable à 5 cellules (dessin 3)

Une figure stable est une figure identique à la précédente dans l'agencement des cases.

Pouvez-vous trouver des figures stables à 6 cellules ?

68 Les bougies

La cire obtenue en faisant brûler
10 chandelles permet de fabriquer une autre
chandelle.

En faisant brûler 1 000 chandelles,
combien de chandelles peut-on faire ?

69 Apparition

Complétez les phrases suivantes :

Il y a ...... fois le chiffre 1 dans cette énigme.
Il y a ...... fois le chiffre 2 dans cette énigme.
Il y a ...... fois le chiffre 3 dans cette énigme.
Il y a ...... fois le chiffre 4 dans cette énigme.

22 Logique... logique

p. 61

p. 132

70 Où est la vérité ?

Parmi les 8 propositions numérotées de 1 à 8, combien sont vraies :

1) Exactement 1 des 8 propositions est fausse.
2) Exactement 2 des 8 propositions sont fausses.
3) Exactement 3 des 8 propositions sont fausses.
4) Exactement 4 des 8 propositions sont fausses.
5) Exactement 5 des 8 propositions sont fausses.
6) Exactement 6 des 8 propositions sont fausses.
7) Exactement 7 des 8 propositions sont fausses.
8) Exactement 8 des 8 propositions sont fausses.

71 Commentaire numérique

Un commentaire numérique consiste à énoncer à haute voix une suite de chiffres, puis de retranscrire ce que l'on vient de dire.
Le commentaire numérique le plus connu apparaît dans l'exemple suivant :

1 (Une fois le chiffre 1, ce que l'on écrit 11)
11 (Deux fois le chiffre 1, ce que l'on écrit 21)
21(Une fois le chiffre 2 et une fois le chiffre 1, ce que l'on écrit 1 211)
1211
111221
312211
13112221...

Pouvez-vous trouver une suite numérique très simple qui, lorsqu'on en fait le commentaire, soit égale à elle même ?

72 Rien ne sert de partir à point...

Lucie et Jean font un 100 mètres. Lucie, très sportive, bat aisément Jean : lorsqu'elle franchit la ligne des 100 mètres, Jean se trouve sur la marque des 95 mètres.
Jean demande une revanche et propose à Lucie de partir 5 mètres derrière lui. En supposant qu'ils courent régulièrement et exactement à la même vitesse que la course précédente, qui va gagner la course ?

72
73
74
75

73 Même le sable y est

Vous devez faire bouillir un œuf pendant exactement 5 minutes, mais vous n'avez qu'un sablier de 4 minutes et un de 3 minutes. Comment pouvez-vous faire ?

23 Le temps qui passe...

p. 61

pp. 132-133

74 Peinture

Un peintre en bâtiment peut peindre un mur en 4 heures.
Son collègue peut le peindre en 2 heures seulement.

Combien de temps vont-ils mettre pour peindre la pièce ensemble ?

75 Le calendrier de Scaliger

Qu'il soit lunaire (calendrier musulman), solaire (calendrier julien, grégorien) ou luni-solaire (calendrier juif), un calendrier fait toujours référence au jour, unité de temps immédiatement perceptible par l'homme. Construire un calendrier n'est pas simple. La diversité des calendriers utilisés dans le monde à travers les siècles le prouve.
La difficulté d'élaborer un calendrier réside dans la concordance entre des événements astronomiques (phases de la Lune, retour de l'équinoxe de printemps), et le décompte des jours qui s'effectue avec des nombres entiers. Malheureusement, aucune donnée astronomique ne tombe juste !
Joseph-Juste Scaliger eut l'idée, au XVIe siècle, de s'affranchir de la coïncidence des événements astronomiques pour ne se concentrer que sur le décompte des jours. Aussi fallait-il choisir une date origine et « construire » une période appelée période julienne, différente du mois, de l'année ou du siècle.
Scaliger voulait que son origine soit un lundi 1er janvier d'une année bissextile ce qui, dans le calendrier julien, se produit tous les 28 ans. Rappelons que Scaliger était protestant et donc opposé à la réforme du pape Grégoire.
En outre, il voulait que la durée du cycle soit un multiple de 19 années (pour le calcul de la date de Pâques). Enfin, il fallait respecter « l'indiction romaine » (mise en place par l'empereur Constantin) inscrite dans un cycle de 15 ans.

1) En tenant compte des 3 contraintes précédemment citées, quelle est la durée de la période julienne ?
2) Combien de jours comporte une période julienne ?

Il choisit l'origine de son calendrier le 1er janvier -4712 à midi (ou encore 4713 av. J.-C. car il n'y pas d'année 0). Ainsi, depuis cette date jusqu'au 1er janvier 2000 à midi, il s'était écoulé 2 451 545 jours juliens.

3) À quelle date correspond le jour julien numéro 2 453 006 ?

76 De 4 on passe à 3

Déplacez 4 allumettes pour obtenir 3 carrés.

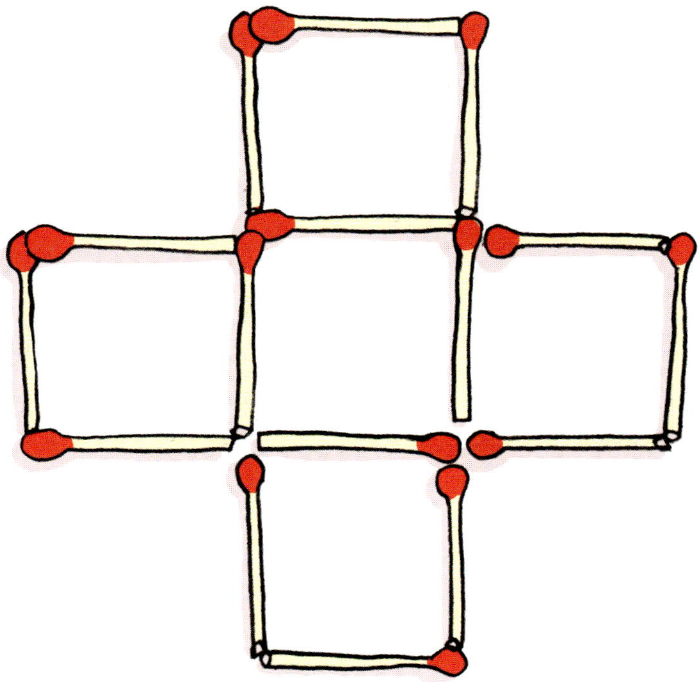

77 Vive les mathématiques

Déplacez 1 allumette pour obtenir un carré.

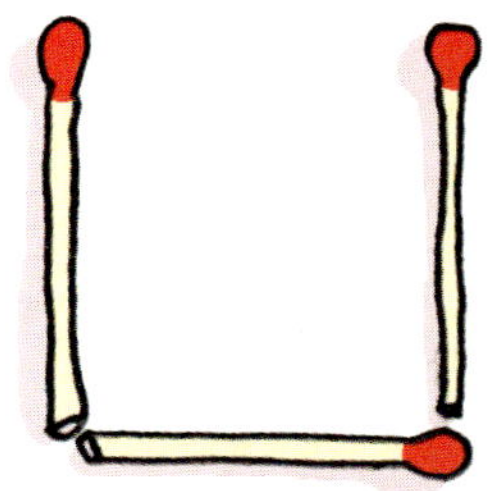

24 Énigmes brûlantes

p. 61

p. 133

78 Les chiffres toujours

Transformez 8 en 12 sans ajouter d'allumette.

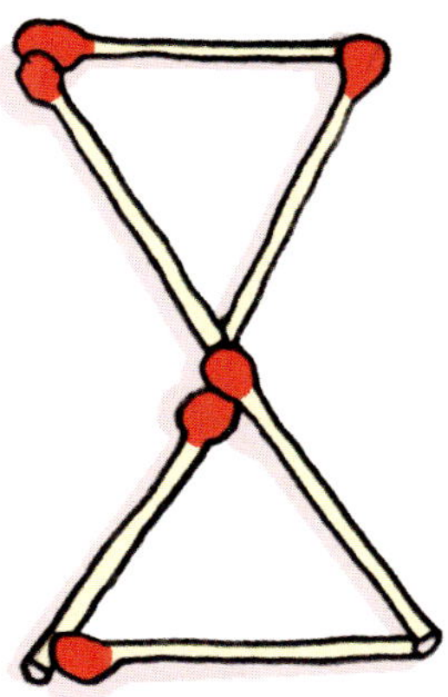

79 Impossible !

Déplacez 1 allumette pour rétablir l'égalité.

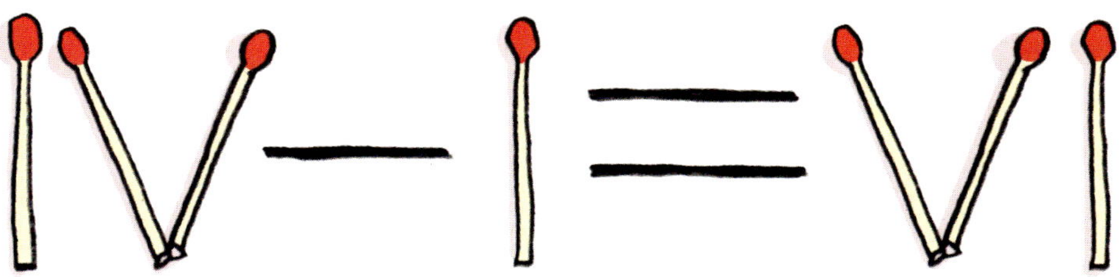

INDICES
Chapitres 13 à 24

13 Excès de vitesse

- **40** Est-il nécessaire de se fatiguer quand le tapis roulant va en sens inverse ? Oui.
- **41** Utilisez la formule temps = $\frac{\text{distance}}{\text{vitesse}}$
- **42** P_1 et P_2 partent ensemble, P_1 retraverse seul (= 3 minutes).
- **43** Un parcours est à éliminer : la trajectoire rouge présente un trop grand parcours dans la mer et donc une perte de temps notable.
Essayons d'utiliser la formule $t = \frac{d}{v}$, et utilisons le théorème de Pythagore pour connaître les distances.
On rappelle que dans un triangle rectangle

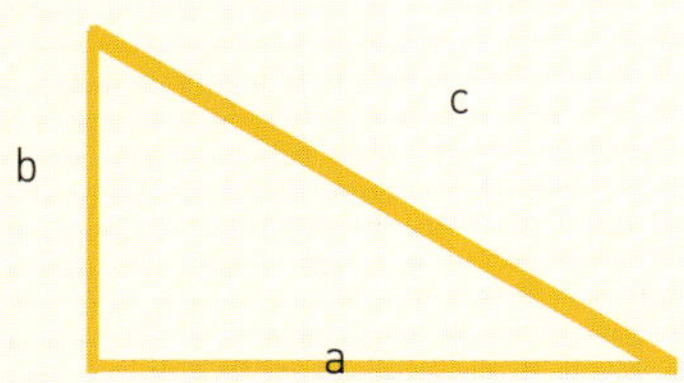

$c = \sqrt{(a^2 + b^2)}$

14 Échecs

- **44** N'oubliez pas que c'est un échiquier. Enlever les 2 cases extrêmes revient à supprimer 2 cases blanches.

- **45**

1			
		2	
3			

1				3
		2		

15 Pour donner du volume

- **46** Combien de sphères de même diamètre peuvent entourer une sphère quelconque en étant à son contact ?
- **47** Comment se débarrasser de la moitié du liquide ? Pensez à une diagonale...
- **48** Il faut encore chercher un peu...
- **49** Il faut encore chercher un peu...

16 Et pour dessert : un point perdu !

- **50** H_1 est la hauteur où l'échelle blanche prend appui.
H_2 est la hauteur où l'échelle noire prend appui.
D'après le théorème de Pythagore :
$H_1 = \sqrt{(6^2-3^2)}$
$= \sqrt{27}$ mètres
$H_2 = \sqrt{(5^2-3^2)}$
= 4 mètres

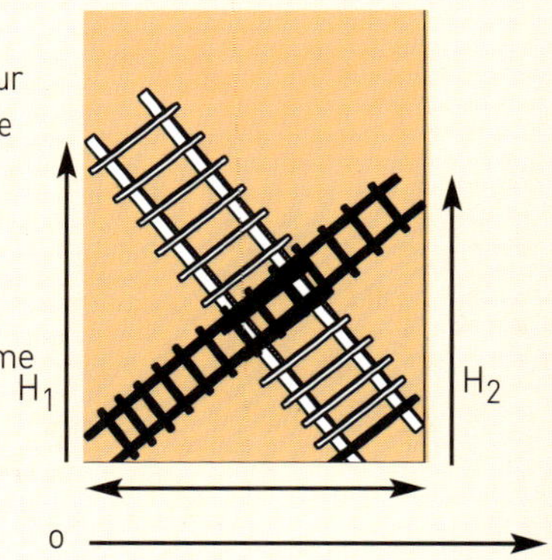

On veut connaître la hauteur h_1 d'un barreau de l'échelle blanche à n'importe quel endroit du couloir, $h_1 = \sqrt{27} - (\frac{\sqrt{27}}{3})x$ (x étant la distance à l'origine 0 lorsque l'on traverse le couloir en largeur).
On vérifie effectivement que pour $x = 3$, on a $h_1 = 0$.

- **51** Partout et nulle part...

17 Et les nombres

- **52** 1) Pensez à un diviseur simple.
2) $n^2 + (n+1)^2 + (n+3)^2 = 3n^2 + 8n + 10$. Il faut en fait trouver les valeurs de n pour que $3n^2 + 8n$ soit divisible par 10.
- **53** De 1 à 9, il y a 9 chiffres.
De 10 à 99, il y a 180 chiffres.

- **54** 1) L'expression peut s'écrire xy – 2x – 3y = 0
Ou encore (x - 3)(y - 2) = 6
  2) 5(x + y) = xy
  3) N'oubliez pas que des carrés sont toujours positifs.

- **55**

Puissance de 3	$3^3 = 27$	$3^2 = 9$	$3^1 = 3$	$3^0 = 1$
		1	2	3

(9 x 1) + (3 x 2) + (1 x 3) = 18

Puissance de 4	$4^3 = 27$	$4^2 = 16$	$4^1 = 4$	$4^0 = 1$
		1	2	3

(16 x 1) + (4 x 2) + (1 x 3) = 27

Etc.

18 Gardez la monnaie

- **56** La configuration finale possède des axes de symétrie.
- **57** Il faut effectuer un nombre impair de retournements pour qu'une pièce donnée, qui subit tous les retournements, change de face.
- **58** Non il ne faut pas jouer. Mais pour quelle raison ?
- **59** Il faut penser à la somme exacte payée par l'ensemble des 3 personnes.

19 Agrégation de figures... internes

- **60** Il s'agit d'un solide à 4 faces.
- **61**

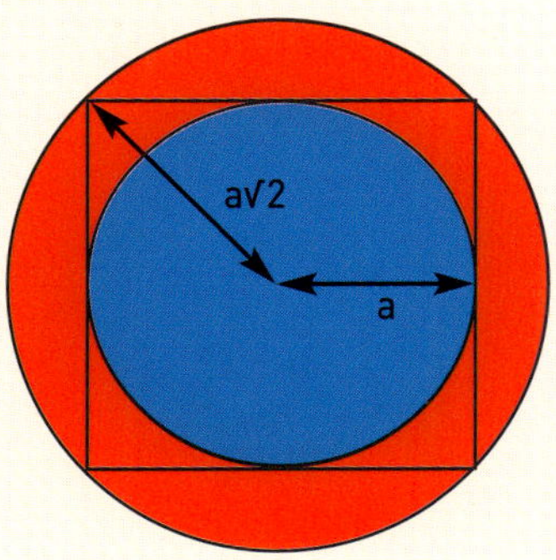

20 À la croisée des chemins

- **62** Cinq lignes sont nécessaires et vous pouvez astucieusement prolonger les lignes au-delà des points.
- **63** Et si on investissait la 3e dimension ?
- **64** Six lignes sont nécessaires.
- **65** On a beau essayer et essayer à nouveau, on ne trouve pas la solution.

21 Carrés en quadrille

- **66** Il faut encore chercher un peu...
- **67** Il en existe plusieurs. En voici deux :

pp. 128-133

22 Logique... logique

- **68** Cent chandelles permettent de refaire 10 chandelles qui peuvent en refaire 1.
- **69** Il n'y a qu'une seule fois le chiffre 4.
- **70** Essayons de raisonner avec 3 propositions.
  1) Exactement 1 des 3 propositions est fausse.
  2) Exactement 2 des 3 propositions sont fausses.
  3) Exactement 3 des 3 propositions sont fausses.

Si la phrase 3 est vraie, elle se contredit car, dans ce cas-là, il n'y a pas 3 phrases fausses mais 2.
Si la phrase 1 est vraie, elle se contredit car, dans ce cas-là, il devrait y avoir une autre phrase vraie, ce qui est impossible.
En revanche, si la phrase 2 est vraie, les phrases 1 et 3 sont effectivement fausses.

- **71** Il n'y a que 2 chiffres.

23 Le temps qui passe...

- **72** C'est à nouveau Lucie qui va gagner, mais pourquoi ?
- **73** Commencez à tourner les 2 sabliers en même temps.
- **74** Soit S la surface à peindre. Soit V_4 la vitesse d'exécution du plus lent, et V_2 la vitesse d'exécution du plus rapide.
Le premier met $t_4 = \frac{S}{V_4}$ pour peindre le mur.
Le deuxième met $t_2 = \frac{S}{V_2}$ pour peindre le mur.
- **75** 1) La période julienne correspond au multiple de ces 3 nombres. Ces nombres sont premiers entre eux.
  2) Il y a 365,25 jours dans l'année julienne.
  3) 2 453 006 - 2 451 545 = 1 461

24 Énigmes brûlantes

- **76** On obtient deux grands carrés et un petit.
- **77** Est-ce bien le carré auquel vous pensez ?
- **78** Ils sont fous ces Romains !
- **79** Il faut encore chercher un peu ...

80 Le circuit d'Hamilton

Un circuit d'Hamilton est un circuit fermé qui passe une fois et une seule par chaque rond de la figure. Pourriez-vous trouver le circuit d'Hamilton pour la figure ci-dessous ?

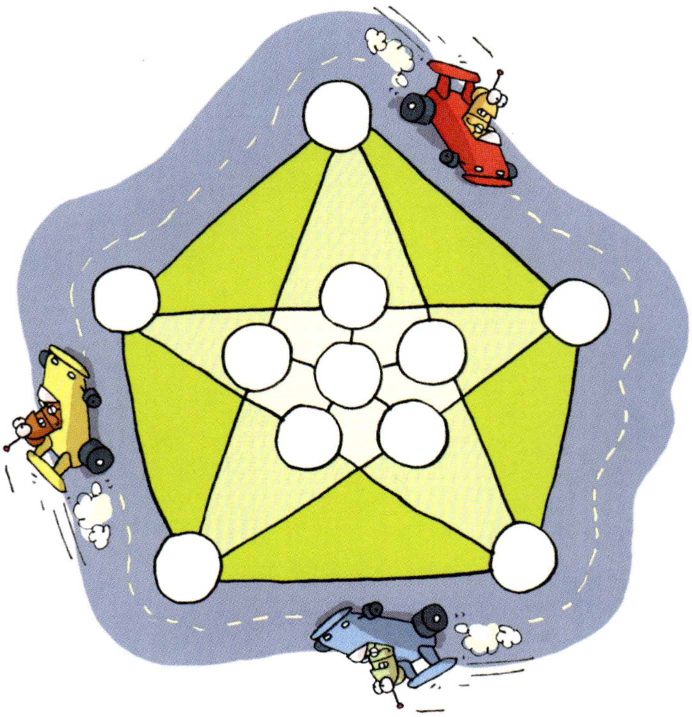

80
81
82
83

81 Un ver, ça peut aller...

Un ver escalade le long des arêtes de la figure ci-contre.

Quel chemin doit-il suivre pour passer par chaque coin de la figure une et une seule fois ?

25 Droit au but !

p. 86

pp. 133-134

82 Sous le miel de l'Apis

1) L'abeille va d'une alvéole à une autre contiguë. Combien y a-t-il de trajets possibles pour aller de A à E sachant que l'abeille va toujours de gauche à droite et ne doit pas forcément passer par toutes les alvéoles ?

2) Combien y a-t-il de trajets possibles pour aller de A à G ?

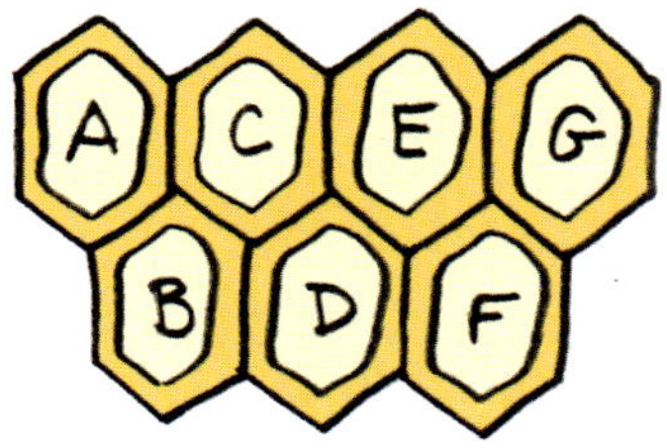

83 Les diagonales d'un fou

Thibaud constate que l'on ne peut pas tracer de diagonales dans un triangle. En revanche, on peut en tracer 2 dans un quadrilatère et 5 dans un pentagone.

1) Combien peut-on tracer de diagonales dans un hexagone ?
2) Combien peut-on tracer de diagonales dans un polygone à 20 côtés ?

On suppose que les figures sont convexes.

84 Grave problème

Une plaque de métal a la forme d'un carré auquel sont accolés deux triangles isocèles rectangles, comme le montre la figure ci-dessous.

Comment trouver le centre de gravité de l'ensemble, c'est-à-dire le point qui le ferait tenir en équilibre sur un piquet ?

Comment trouver le centre de gravité ?

26 Tout miser sur la physique

p. 86

p. 134

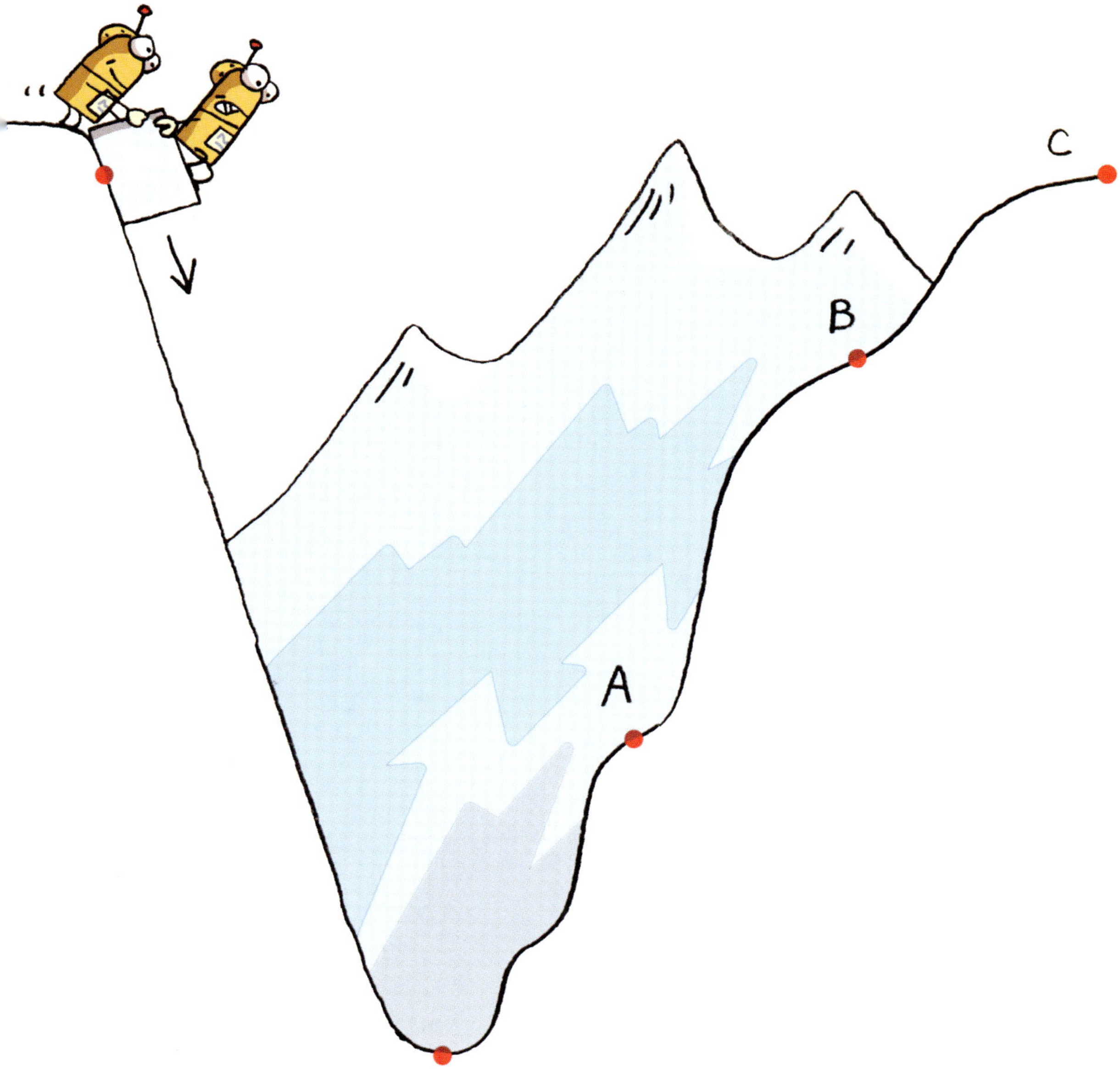

85 Expédition polaire

On lâche un glaçon sur une pente verglacée. Les frottements sont donc totalement négligés.

Jusqu'à quel point remontera-t-il sur la côte d'en face ?

86 Que d'eau, que d'eau

On souhaite avoir un litre d'eau exactement. On ne dispose que de 2 récipients : un de 3 litres et un de 5 litres.

Comment faire pour obtenir le litre d'eau désiré ?
(L'eau est supposée à volonté)

86
87
88
89

87 Problème à boire

Cette bouteille fermée est partiellement remplie d'eau (le niveau de l'eau ne dépasse pas le goulot de la bouteille).

En utilisant uniquement une règle graduée, pourriez-vous mesurer le volume total de la bouteille sans l'ouvrir ou l'abîmer ?

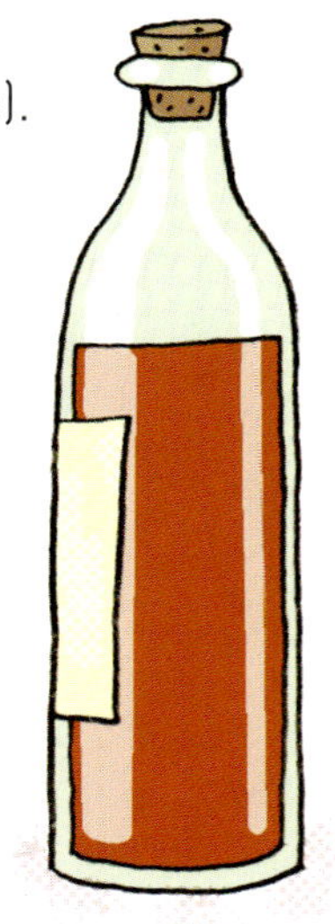

27 Pour donner du volume

p. 86

pp. 134-135

88 L'affaire du collier

Vous êtes joaillier à l'époque de Marie-Antoinette et devez effectuer un collier pour une noble dame de sa cour. Le métal est extrêmement cher. Aussi faut-il utiliser le moins de métal possible.

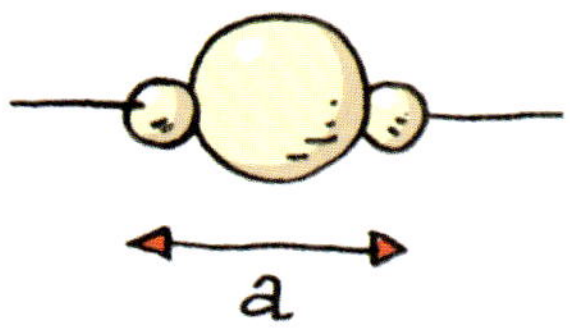

Trois boules B_1, B_2 et B_3 sont alignées sur une distance a.

Comment faut-il choisir le rayon des 3 boules pour que le volume total des 3 boules soit le plus petit possible ?
Une condition doit être satisfaite : les 2 boules extrêmes ont le même rayon.

89 J'ai cru voir un robinet...

Trois robinets sont reliés à une cuve, un robinet à gros débit, un autre à débit moyen et un à faible débit.
On vide la cuve en 2 heures et 24 minutes avec le gros robinet et le moyen.
On vide cette même cuve en 3 heures avec le gros et le petit. Enfin, on vide la cuve en 4 heures avec le moyen et le petit.

En combien de temps la cuve serait-elle vidée si les trois robinets étaient ouverts ?

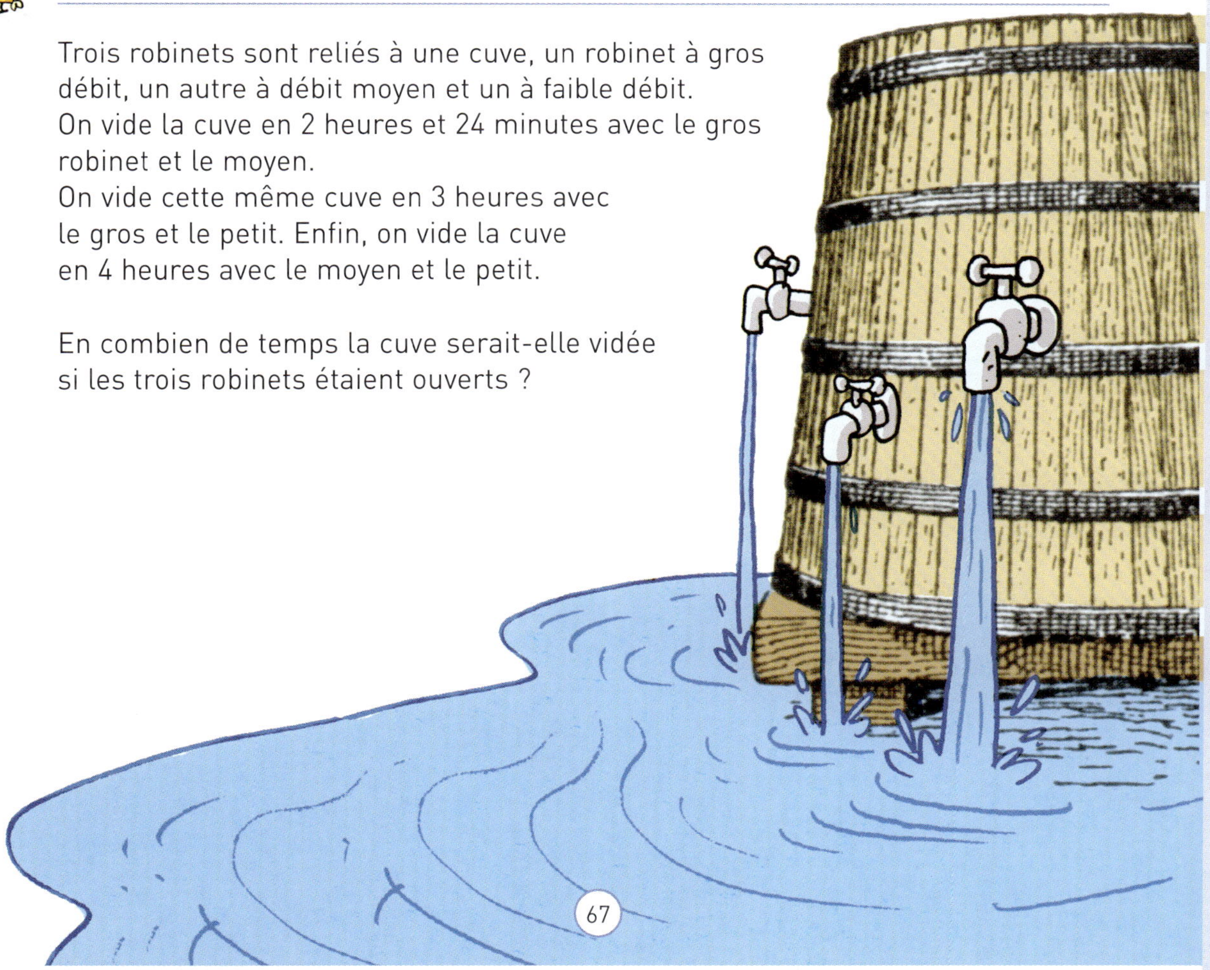

90 Un faux air de vérité

Pierre possède 9 pièces de monnaie qui, à première vue, paraissent identiques. Et pourtant, une d'entre elles est plus légère et s'avère être fausse.

Comment, en 2 pesées, sur une balance de Roberval, peut-il identifier l'intruse ?

3. Balance de Roberval

91 Où est la vérité ?

On dispose de 12 boules de billard. Une boule est différente des autres. Elle est soit plus lourde, soit plus légère. En trois pesées, retrouvez cette boule et dites si elle est plus lourde ou plus légère.

28 On ne fait pas le poids

pp. 86-87

p. 135

92 Poids d'une brique

Une brique pèse un kilogramme + une demi-brique.

Combien pèse une brique ?

93 ... Poids et sphères

Une sphère creuse de laiton S_1 est 27 fois plus volumineuse qu'une sphère creuse de laiton S_2. Combien de fois la sphère S_1 est-elle plus lourde que la sphère S_2 ?

94 Huit cartes

Pourriez-vous, en changeant de place seulement 2 cartes, faire en sorte que la somme des 2 colonnes soit identique ?

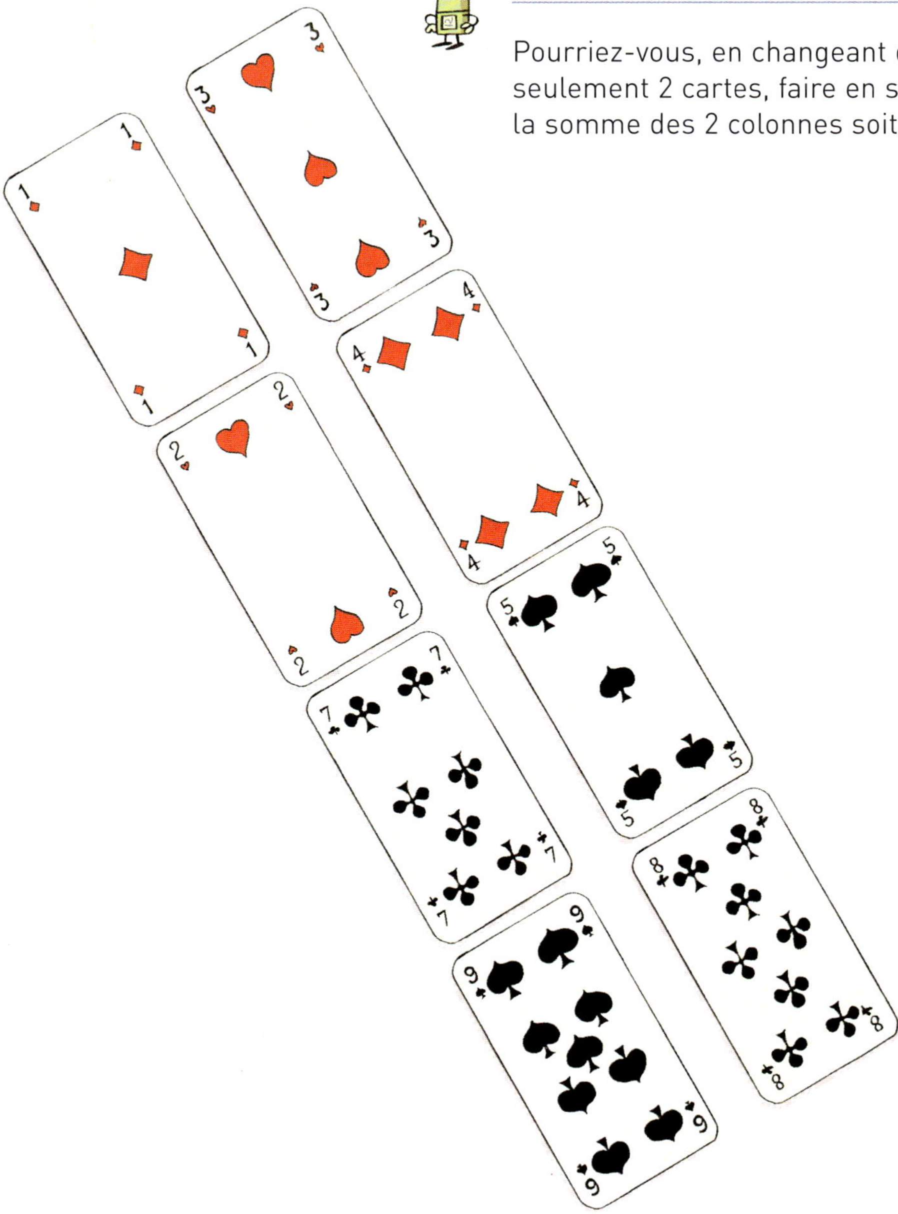

95 Le jeu du bridge

Le bridge se joue avec un jeu de 52 cartes. On distribue 13 cartes à 4 joueurs.

Combien y a-t-il de mains possibles au bridge ?

29 Cartes à jouer

p. 87

pp. 135-136

96 Saut de... cartes à puce

On pose 8 cartes sur la table en disposant alternativement une noire et une rouge.
Il s'agit d'obtenir à la fin 4 cartes rouges suivies de 4 cartes noires.
Le seul mouvement autorisé est le suivant : prendre 2 cartes voisines et les transférer à un autre endroit de la rangée.

Combien de manipulations sont nécessaires pour atteindre l'objectif ?

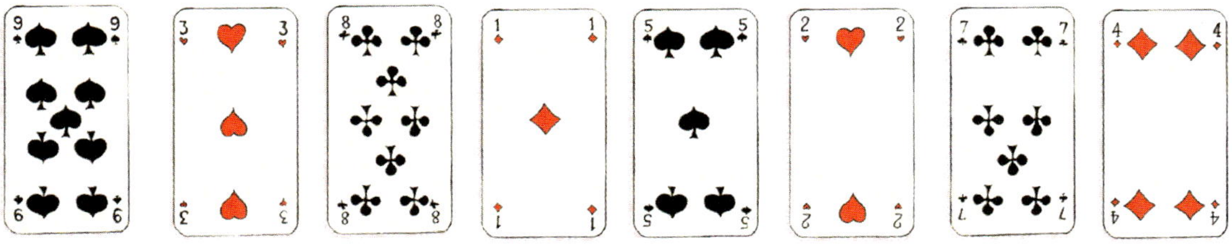

97 À vos ordres

Vous avez en main 4 rois et 4 as rangés dans un certain ordre, faces tournées vers la table. Vous retournez la première carte sur la table.
La deuxième est placée sous le paquet, la suivante sur la table, la suivante sous le paquet... ainsi de suite jusqu'à ce que vous n'ayez plus de cartes en main.
Sur la table, les cartes se trouvent dans l'ordre suivant :
1 as, 1 roi, 1 as, 1 roi, 1 as, 1 roi, 1 as, 1 roi.

Quel était l'ordre des cartes au départ ?

98 Mon nom est rebond

Pouvez-vous montrer que, quelle que soit la direction de la boule, la trajectoire noire est parallèle à la trajectoire bleue après 1 rebond sur la bande rouge et un rebond sur la bande bleue ?

99 De rebond en rebond

Quelle boule doit être frappée pour que, après 5 rebonds, elle entre dans le trou B ?

30 Des opérations sur le billard

pp. 87-88

p. 136

100 Histoires de rebonds

Où faut-il que la boule C tape la bande orange pour aller taper la boule D après avoir tapé la bande jaune ?

101 Les derniers rebonds

Où faut-il que la boule E tape la bande bleue pour aller taper la boule F après avoir percuté n fois alternativement la bande bleue et la bande orange ?

Où faut-il que la boule E tape la bande bleue pour aller taper la boule F après avoir percuté alternativement 4 fois la bande bleue et 4 fois la bande orange ?

Où faut-il que la boule E tape la bande bleue pour aller taper la boule F après avoir percuté alternativement $n = 2^p$ fois la bande bleue et $n = 2^p$ fois la bande orange (où p est un entier) ?

102 La tournée du père Noël

C'est la belle nuit de Noël, la neige étend son manteau blanc. Le père Noël effectue sa tournée. S'il visite toutes les maisons du village A et le tiers des maisons du village B, il aura visité 100 maisons.
En revanche, s'il visite toutes les maisons du village B et la moitié des maisons du village A, il aura visité 150 maisons.
Combien y a-t-il de maisons dans les villages A et B ?

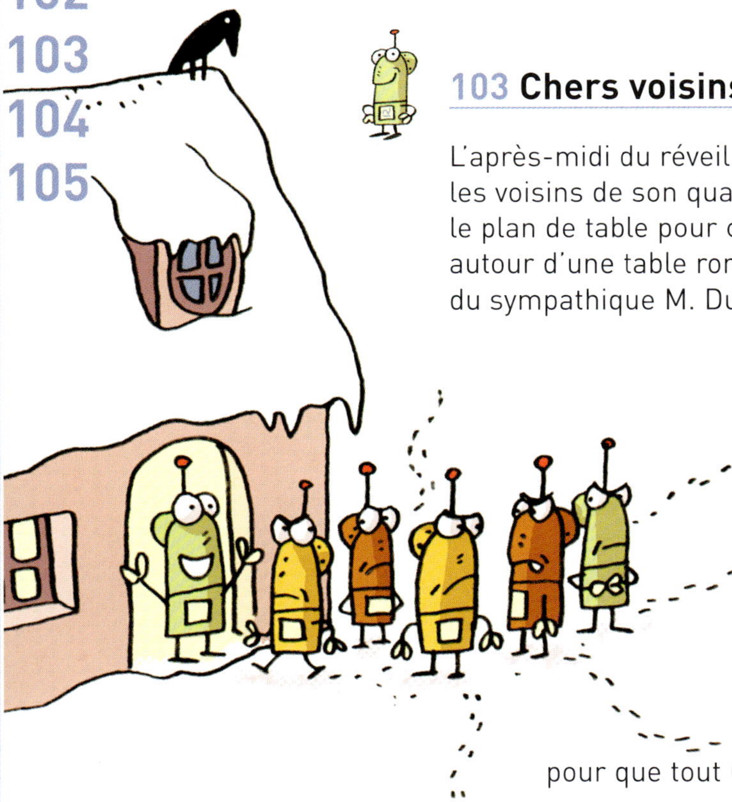

103 Chers voisins

L'après-midi du réveillon de Noël, Monsieur Dupond invite les voisins de son quartier pour un apéritif. Il doit élaborer le plan de table pour cette réception. Il y a 10 invités à placer autour d'une table ronde. Tous les voisins répondent à l'appel du sympathique M. Dupond, mais...

1 ne veut pas être placé à côté de 2 et 3
2 ne veut pas être placé à côté de 3 et 4
3 ne veut pas être placé à côté de 4 et 5
4 ne veut pas être placé à côté de 5 et 6
5 ne veut pas être placé à côté de 6 et 7
6 ne veut pas être placé à côté de 7 et 8
7 ne veut pas être placé à côté de 8 et 9
8 ne veut pas être placé à côté de 9 et 10
9 ne veut pas être placé à côté de 10 et 1
10 ne veut pas être placé à côté de 1 et 2

Comment faut-il placer les invités pour que tout le monde passe un bon moment ?

31 C'est la belle nuit de Noël

p. 88

pp. 136-137

104 La traversée du pont

Le père Noël doit traverser un pont avec son traîneau.
L'ensemble de l'équipage (traîneau, rennes, père Noël et cadeaux (bien sûr !) pèse 500,5 kg.
Malheureusement, le pont qu'il doit traverser ne peut supporter un poids supérieur à 500 kg.
Heureusement, le père Noël se souvient qu'il transporte 3 boules de pétanque de 700 g pour offrir au propriétaire de la maison située de l'autre côté du pont.

Que doit faire le père Noël ?
Attention : le père Noël n'a droit qu'à une seule traversée.

105 Vente de sapins

Une entreprise de 15 personnes veut doter ses bureaux de sapins pour la période de Noël. Elle s'adresse donc à un fleuriste. Ce dernier lui propose deux formules : la formule A et la formule B.

Formule A : 40 euros pour la livraison de tous les sapins et chaque sapin coûte 9 euros.

Formule B : livraison gratuite et chaque sapin coûte 11 euros.

Quelle formule va choisir l'entreprise ?

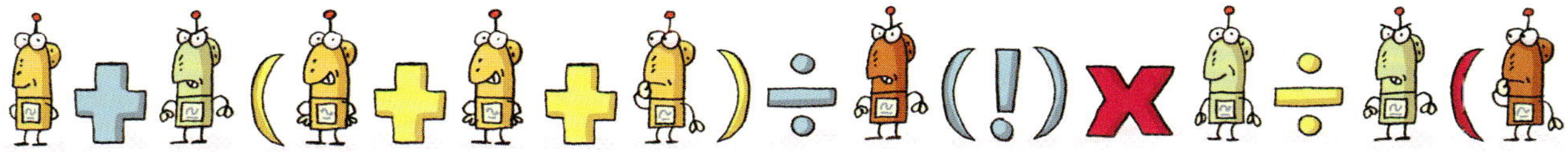

106 Signes à volonté

En utilisant tous les signes opératoires possibles (+, -, :, x, factorielle !) et des parenthèses, complétez le calcul suivant :

1) 6   6   6   6   = 120
2) 7   7   7   7   = 120

Remarque : on rappelle que factorielle signifie
n ! = n x (n-1) x (n-2) x ... x 3 x 2 x 1

106
107
108
109

107 Factorielle factorielle !!

En utilisant tous les signes opératoires possibles (+, -, :, x, factorielle !) et des parenthèses, complétez le calcul suivant :

1) 3   3   3   3   = 63
2) 9   9   9   9   9   = 63

32 Opérations

pp. 88-89

p. 137

108 Et si on multipliait !

En utilisant tous les signes opératoires possibles (+, -, :, x, factorielle !) et des parenthèses, complétez le calcul suivant :

1) 9 9 9 9 9 9 = 64
2) 5 5 $5^{5\ 5\ 5}$ = 64

109 En plus ou en moins ?

En utilisant tous les signes opératoires possibles (+, -, :, x, factorielle !) et des parenthèses, complétez le calcul suivant :

1) $3^{3\ 3\ 3}$ 3 3 3 3 = 2
2) $5^{5\ 5}$ 5 5 5 5 = 2

110
111
112
113

110 Comme des poissons dans l'eau

Trois hommes et demi attrapent 3 poissons et demi en 3 jours et demi.

Combien de poissons attrapent 14 hommes en une semaine ?

111 À devenir chèvre

Deux petits bergers se promènent dans la montagne avec leur troupeau de chèvres respectif. Un jour, les deux petits pâtres se croisent et le premier dit à l'autre : « Si tu me donnes une de tes chèvres, j'en aurai 3 fois plus que le nombre que tu auras alors. »
Le deuxième dit au premier : « Et toi, si tu m'en donnes deux, nous en aurons autant. »

Combien de chèvres y a-t-il dans chaque troupeau ?

33 Les bêtes nous embêtent…

p. 89

p. 137

112 Oh, le chameau !

À l'approche de sa mort, un vieil homme décide de partager son troupeau de 17 chameaux entre ses trois fils.
L'aîné héritera de la moitié du troupeau, le cadet du tiers, le benjamin du neuvième.
Problème : 17 n'est divisible ni par 2, ni par 3, ni par 9.

Comment faire ?

113 Dégâts des zoos

Dans un zoo, la grille d'un enclos s'est ouverte malencontreusement, laissant s'échapper des cochons et des poules. Le gardien du zoo est affolé, il veut retrouver les bêtes dont il a la charge. Il interroge un visiteur qui affirme les avoir vus s'enfuir vers la porte de sortie.
Ce visiteur affirme, avec certitude, qu'il a vu 56 pattes et 36 yeux passer devant lui.

Combien d'animaux se sont échappés ?

114 Merci patron

Voici le patron pour fabriquer un dé à 6 faces. Parmi tous les cubes proposés, quel est celui qui n'a pas pu être fabriqué à partir du patron ?

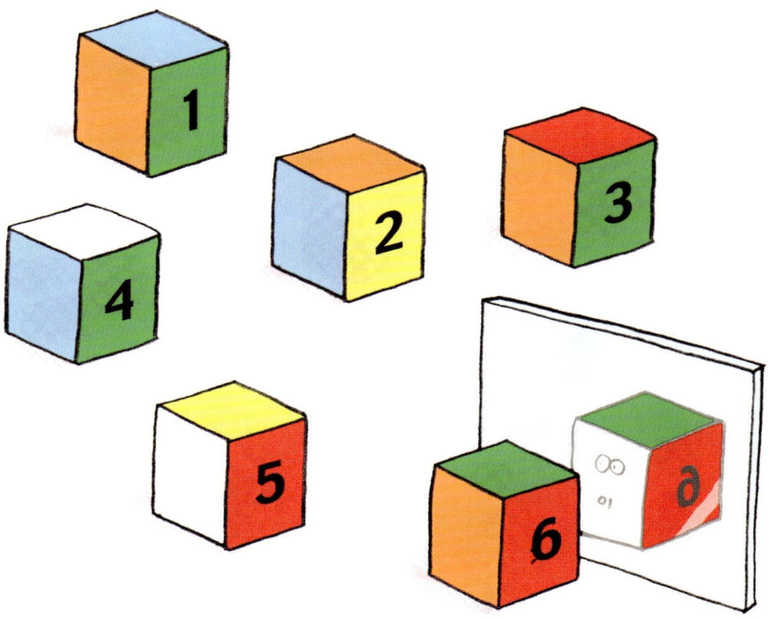

114
115

34 Ne perdons pas la face

p. 89

p. 137

115 Le dit-dé

Voici un dé (un peu spécial !) représenté sous différents angles :

Dans cet empilement de dés, à quoi est égale la somme des chiffres sur les faces en contact les unes des autres ?

116 Il veut toujours avoir le dernier chiffre !

Par quel chiffre se termine 316^{316} ?

117 Suite logique

Observez et complétez cette suite logique :
811 x 819 = 664 209
812 x 818 = 664 216
813 x 817 = 664 221
814 x 816 = ?

35 Le retour des nombres

p. 89

p. 137

118 La suite de Ratchinski

Les nombres 10, 11, 12, 13 et 14 possèdent une propriété curieuse :
$10^2 + 11^2 + 12^2 = 13^2 + 14^2$

Essayez de trouver une autre suite (beaucoup plus simple) vérifiant cette même propriété : une suite de 5 nombres consécutifs où la somme des carrés des trois premiers est égale à la somme des carrés des deux derniers.

119 Faut-il opérer ?

On choisit deux nombres entiers positifs et on leur fait subir 4 opérations :
1) Une addition
2) Une soustraction (le plus grand moins le plus petit)
3) Une multiplication
4) Une division (le plus grand divisé par le plus petit)

L'addition des 4 résultats obtenus donne 27.
Quels sont ces 2 nombres ?

120 Pages numérotées

Vous retrouvez un vieux livre dans votre grenier.
Il est très abîmé et il manque des pages.
Vous constatez, sur les pages qui restent,
que les pages 6 et 295 sont attachées ensemble.

Combien de pages possède le livre ?

121 Livres à dévorer

Une encyclopédie de 3 volumes se trouve sur une étagère très bien rangée.
Chaque tome contient 500 pages sans compter les couvertures.
Dans la nuit, une souris passe par là et grignote des pages
de la n° 1 à la n° 1 500.

Combien la souris a-t-elle mangé de pages ?

36 Sous presse

p. 89

p. 138

122 Petit détail

Lors d'un procès, un accusé promet de dire toute la vérité, rien que la vérité. Au moment où il est interrogé par le juge, il raconte son histoire :
« ... ce jour-là, à la gare, un ami dont je tairai le nom, m'avait remis une enveloppe. Comme je le connaissais bien, et qu'il avait l'air très inquiet, je m'empressai de la cacher entre les pages 83 et 84 du livre que j'étais en train de lire. Je m'en souviens très bien. Il s'est enfui à ce moment et je ne l'ai plus jamais revu.
Ce n'est qu'après avoir été arrêté que je compris qu'il s'agissait de documents très importants. »

Qu'est-ce qui ne va pas dans son récit ?

123 Diviser pour mieux savoir

Un père achète des livres pour ses enfants. En rentrant à la maison, il en donne la moitié plus un demi à l'aînée, puis la moitié de ceux qui restent plus un demi à la cadette, et le dernier qu'il a dans les mains à la benjamine.

Combien y avait-il de livres ?

INDICES

Chapitres 25 à 36

25 Droit au but !

▸ **80**

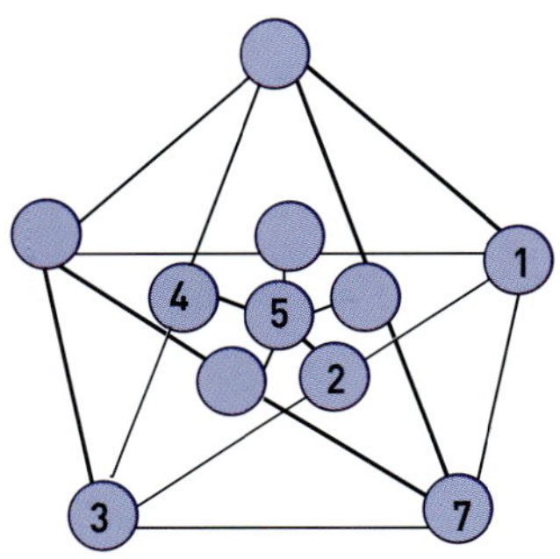

▸ **81** Facile...

▸ **82** 1) Pour le premier trajet, il y a plusieurs chemins possibles :
A - B - C - D - E
A - C - D - E...

2) Ce problème pourrait-il faire intervenir la suite de Fibonacci vue dans les jeux 29 et 30 ?

▸ **83** 1) On peut en tracer 9.

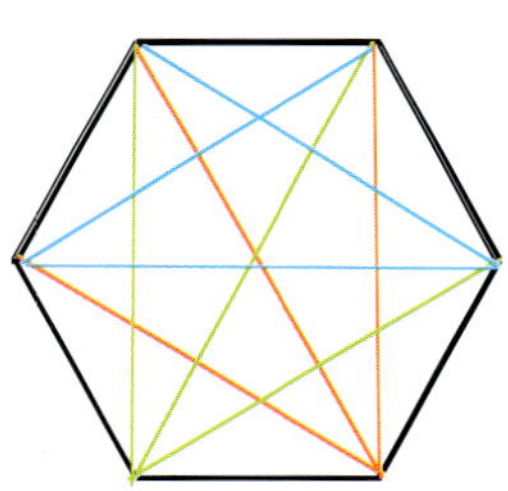

2) Combien de diagonales peuvent partir d'un point ?

26 Tout miser sur la physique

▸ **84** Déterminons le centre de gravité G_2 du carré, point de rencontre des diagonales.
Déterminons ensuite le centre de gravité de chacun des deux triangles, point de rencontre des médianes (G_1 et G_3).

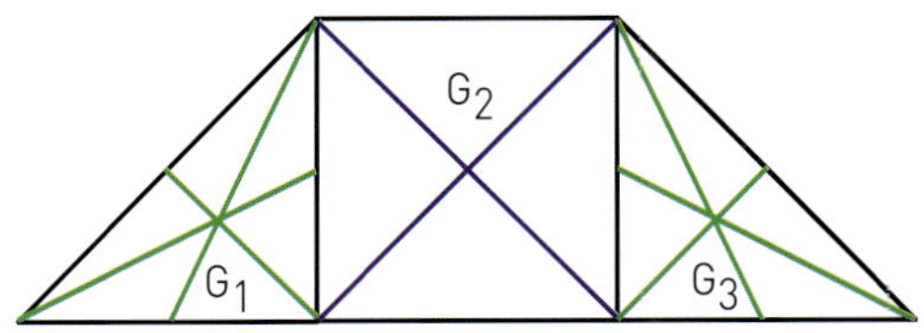

▸ **85** On rappelle qu'il n'y a pas de frottements.

27 Pour donner du volume

▸ **86** On remplit le récipient de 3 litres à ras bord. On le verse dans celui de 5 litres.

▸ **87** Il faut mesurer la surface de la base du cylindre (en mesurant le diamètre) et la hauteur du liquide. Il faut également s'intéresser au volume occupé par l'air.

▸ **88** Pourquoi faire compliqué quand...

▸ **89** Soit Dg, Dm et Dp les débits des différents robinets en m^3 par minute.
Soit V le volume de la cuve.
Il y a 3 relations : (1) V = (Dg + Dm) x 144
(2) V = (Dg + Dp) x 180
(3) V = (Dm + Dp) x 240

Et on cherche le temps t tel que V = (Dg + Dm + Dp) x t.

28 On ne fait pas le poids

▸ **90** Sur chaque plateau de la balance, Pierre doit déposer 3 pièces.

▸ **91** Essayons de raisonner avec 3 boules puis 4 boules...
3 boules B_1, B_2 et B_3 (1 des boules est différente des 2 autres).

On met B_1 et B_2 dans chacun des plateaux.

- S'il y a équilibre, une deuxième pesée est nécessaire avec la boule B_3 pour déterminer si elle est plus légère ou plus lourde.
- S'il n'y a pas équilibre, la boule de poids différent est tout de suite identifiée.

4 boules B_1, B_2, B_3 et B_4 (prises parmi les 12 boules de départ).
On est obligé de faire l'hypothèse suivante : la boule B_4 a un poids normal.

B_1, B_2 d'un côté, B_3 et B_4 de l'autre :
s'il y a équilibre, B_1, B_2, B_3 et B_4 ont un poids normal.

Si on obtient ce déséquilibre :

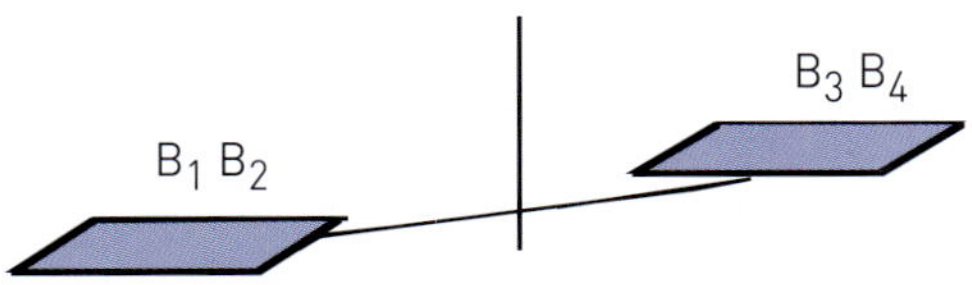

soit B_1 ou B_2 est plus lourde que les autres,
soit B_3 est plus légère.

Si on obtient ce déséquilibre :

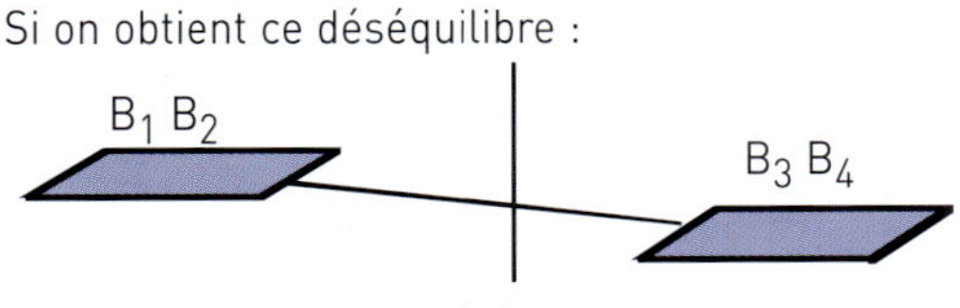

soit B_1 ou B_2 est plus légère que les autres,
soit B_3 est plus lourde.

▸ **92** Soit x le poids d'une brique : $x = 2+\frac{x}{2}$

▸ **93** Si le rayon d'une sphère double, son volume est multiplié par 8. Conséquence de la formule du volume d'une sphère.

Son poids, quant à lui, est multiplié par 4. Conséquence de la formule de la surface d'une sphère.

29 Cartes à jouer

pp. 133-136

▸ **94** Il faut changer deux cartes et en retourner l'une d'entre elles.

▸ **95** Combien y a-t-il de possibilités pour la première carte dans une main de 13 cartes ? 52
Et pour la 2ᵉ carte ? 51, etc.
De plus, ne pas oublier que :
(a, b, c) = (a, c, b) = (b ,a ,c) = (b, c, a) = (c, a, b) = (c, b, a).
Il y a 3! = 6 possibilités d'ordonner 3 cartes.
Dans le problème posé, l'ordre des cartes ne nous intéresse pas. Il faudra donc penser à diviser le nombre de mains possibles.

▸ **96** On pourrait commencer par transférer les 2ᵉ et 3ᵉ cartes à la fin de la rangée.

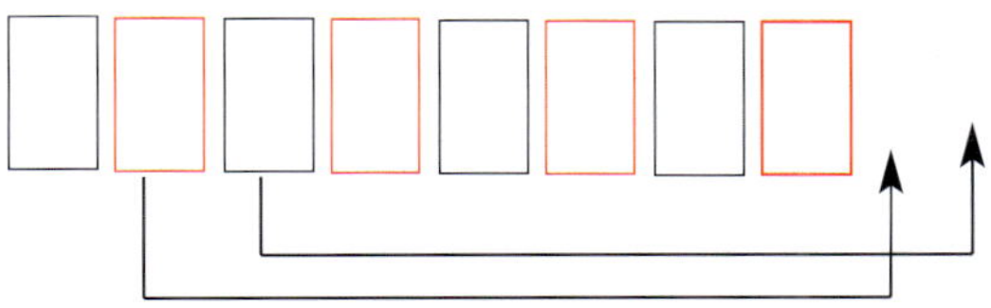

▸ **97** Pensez que les cartes posées sur la table sont placées dans le paquet de départ un rang sur deux.

30 Des opérations sur le billard

▸ **98**

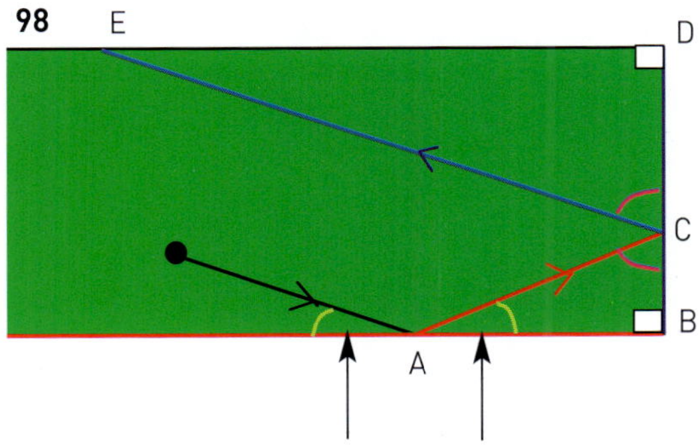

L'angle d'incidence est égal à l'angle de réflexion.

Ne pas oublier que, dans un triangle, la somme des angles est égale à 180°.

▸ **99** C'est la boule bleue, mais dans quelle direction ?

INDICES

Chapitres 25 à 36

▸ **100** Les trois triangles de la figure sont semblables.

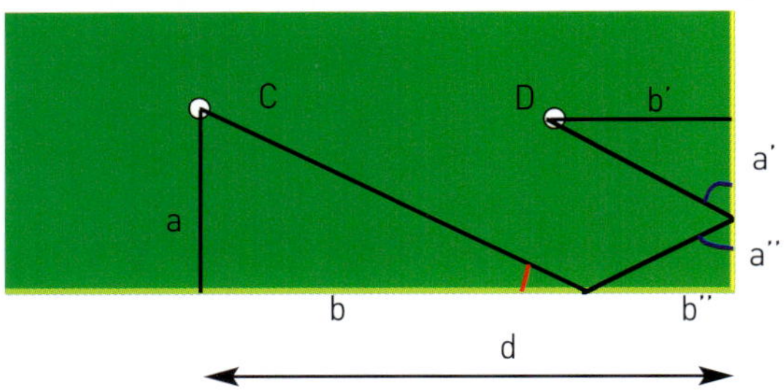

C'est-à-dire que les rapports des longueurs des côtés sont constants :

$\frac{a}{a''} = \frac{b}{b''}$ et $\frac{a'}{a''} = \frac{b'}{b''}$

▸ **101** 1) Pour frapper deux fois la bande bleue et deux fois la bande verte, il faut que la boule E frappe à la distance $\frac{d}{8}$ des 2 boules :

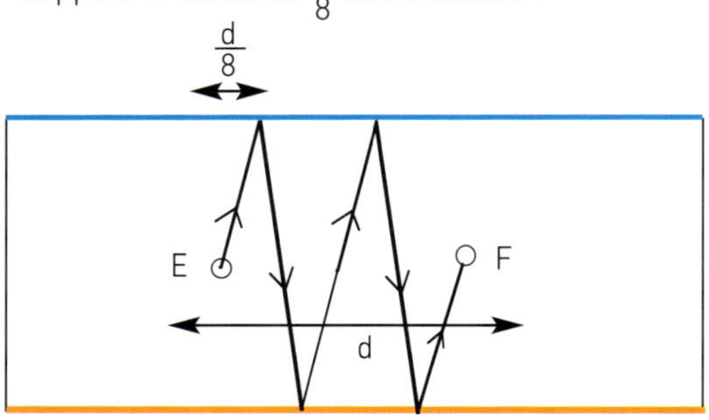

2) Pour frapper 4 bandes bleues et 4 bandes vertes, il faut que la boule E frappe à la distance $\frac{d}{16}$ des 2 boules :

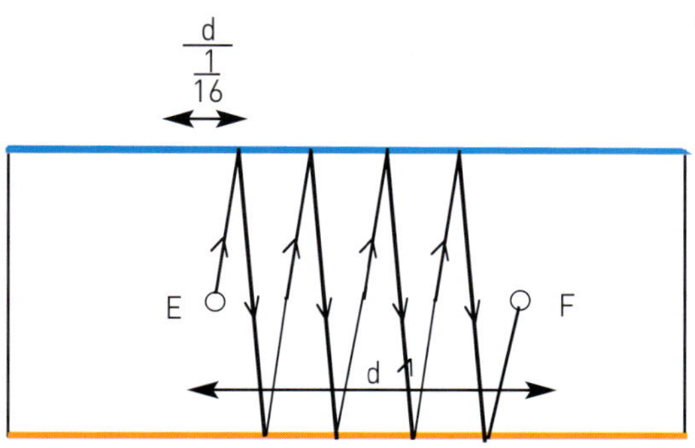

3) On peut établir un lien entre le nombre de bandes frappées et la distance où la boule E doit taper pour la première fois :

Distance	Nb de bandes bleues frappées	Nb de bandes vertes frappées	Nb 2n de bandes bandes frappées
d/4	1	1	2
d/8	2	2	4
d/16	4	4	8
d/32	8	8	16

31 C'est la belle nuit de Noël

▸ **102** Soit x le nombre de maisons du village A et y le nombre de maisons du village B.

On a $x + \frac{y}{3} = 100$

Et $y + \frac{x}{2} = 150$

▸ **103** Il faut commencer à placer 1 et tourner en évitant les paires indésirables.

▸ **104** Facile...

▸ **105** Soit x le nombre de sapins achetés.
Dans la formule A, il faut payer 40 + 9x
Dans la formule B, il faut payer 11x

32 Opérations

▸ **106** 1) Utilisez le signe ! et des parenthèses.
2) Idem.

▸ **107** 1) Utilisez le signe ! et des parenthèses.
2) Le signe ! n'est pas utile.

▸ **108** 1) Utilisez des parenthèses. Le signe factorielle (!) n'est pas utile.
2) Idem.

pp. 136-138

▸ **109** 1) Utilisez des parenthèses. Le signe factorielle (!) n'est pas utile.
2) Idem.

33 Les bêtes nous embêtent...

▸ **110** Pour une période de 3 jours et demi, le nombre de poissons est proportionnel au nombre d'hommes.

▸ **111** Soit x le nombre de chèvres du premier troupeau et y le nombre de chèvres du deuxième troupeau :

$x + 1 = 3(y - 1) \qquad x - 2 = y + 2$

▸ **112** Ne peut-on pas modifier ce nombre de 17 momentanément ?

▸ **113** Soit x le nombre de poules et y le nombre de cochons.
Les poules ont deux yeux et deux pattes. Les cochons ont deux yeux et quatre pattes.
$2x + 2y = 36$
$2x + 4y = 56$

34 Ne perdons pas la face

▸ **114** Facile...

▸ **115**

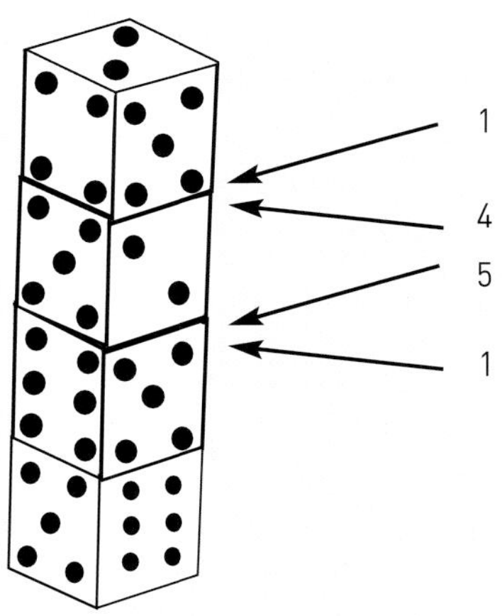

35 Le retour des nombres

▸ **116** Par quel chiffre se termine 316^2 ?

▸ **117** Observez les derniers chiffres des nombres à 3 chiffres.

▸ **118** Pensez à des nombres négatifs.

▸ **119** Soit x et y les deux nombres :
$(x + y) + (x - y) + xy + \frac{x}{y} = 27$

36 Sous presse

▸ **120** Facile...

▸ **121** Les tomes de l'encyclopédie sont bien rangés.

▸ **122** Prenez un livre et regardez.

▸ **123** Ce problème est curieux : des moitiés de livres !!!

124 Un p'tit vélo dans la tête

Deux cyclistes s'entraînent dans un vélodrome, sur une piste de 300 mètres de long. Ils roulent à des vitesses différentes. Lorsqu'ils roulent dans le même sens, le plus rapide double le plus lent toutes les 6 minutes. Lorsqu'ils roulent en sens inverse, ils se croisent toutes les 36 secondes.

À quelle vitesse roule chaque cycliste ?

125 Une grenouille dans un puits

Une grenouille tombe au fond d'un puits de 20 mètres. Elle parvient à remonter péniblement de 3 mètres dans la journée, mais la nuit, alors qu'elle se repose de ses efforts surbatraciens, elle retombe de 2 mètres.

Combien de jours lui faudra-t-il pour sortir du puits ?

37 Limitation de vitesse

p. 112

p. 138

126 Son nom est Éon, chevalier d'Éon

Le chevalier d'Éon, célèbre agent secret androgyne de Louis XV, doit déposer un document confidentiel à quelques heures de Paris.
Il parcourt la campagne à cheval à 6 lieues par heure, remplit sa mission et repart aussitôt à Paris, à la vitesse de 4 lieues par heure.

Si on néglige le temps pour accomplir la mission, quelle est la vitesse moyenne du chevalier d'Éon sur l'aller et retour ?

127 Dans l'ordre

Sept amis décident de participer à une course.
A arrive le troisième.
B dépasse C juste avant l'arrivée.
D se classe entre A et E.
F est le troisième à passer la ligne d'arrivée après B.

Quelle est la place de G dans le classement final ?

128 Faites-moi signe

Chaque figure géométrique représente un chiffre différent.
Essayez de les identifier.

128
129
130
131

129 Un triangle célèbre : le triangle de Pascal

Observez cette suite logique.

Quelle est la figure manquante ?

38 Étranges équations

p. 112

pp. 138-139

130 Et si 3 était égal à 0 !

On considère l'équation suivante :

$$x^2 + x + 1 = 0$$

En mettant x en facteur,

$$x(x + 1) + 1 = 0$$

En faisant passer le « 1 » de l'autre côté,

$$x(x + 1) = -1$$

En supposant que x est différent de 0, on fait passer x de l'autre côté,

$$x + 1 = -\frac{1}{x}$$

En faisant passer le « 1 » de l'autre côté,

$$x = -\frac{1}{x} - 1$$

En remplaçant l'expression de x dans l'équation de départ,

$$x^2 - \frac{1}{x} - 1 + 1 = 0$$

C'est-à-dire : $x^2 - \frac{1}{x} = 0$

Soit, $x^3 = 1$

On en déduit x = 1.
Si on remplace la valeur trouvée de x dans l'équation de départ, on trouve
1 + 1 + 1 = 0
3 = 0 !!!!

Où est l'erreur ?

131 Tout ça pour ça

Que vaut

$$\left(\frac{((-1)(-1)(-1)(-1)(-1)(-1)(-1)(-1)(-1)(-1)(-1))}{((-1)(-1)(-1)(-1)(-1)(-1)(-2)(-1)(-1)(-1)(-1)(-1))}\right)^{((-1)(-1)(-1)(-1)(-1)(-1)(-1)(-1)(-1)(-1)(-1))}$$

132 Carré magique multiplicatif

Pouvez-vous compléter le carré magique suivant avec les nombres
1, 2, 3, 4, 6, 9, 12, 18, 36 pour que le produit de chaque ligne, chaque colonne et chaque diagonale soit le même ?

132
133
134
135

133 Cercle magique

Pouvez-vous compléter cette figure avec les nombres suivants :
1, 3, 6, 8, 9, 10, 11 pour que la somme des nombres placés sur les cercles soit égale à 39 ?

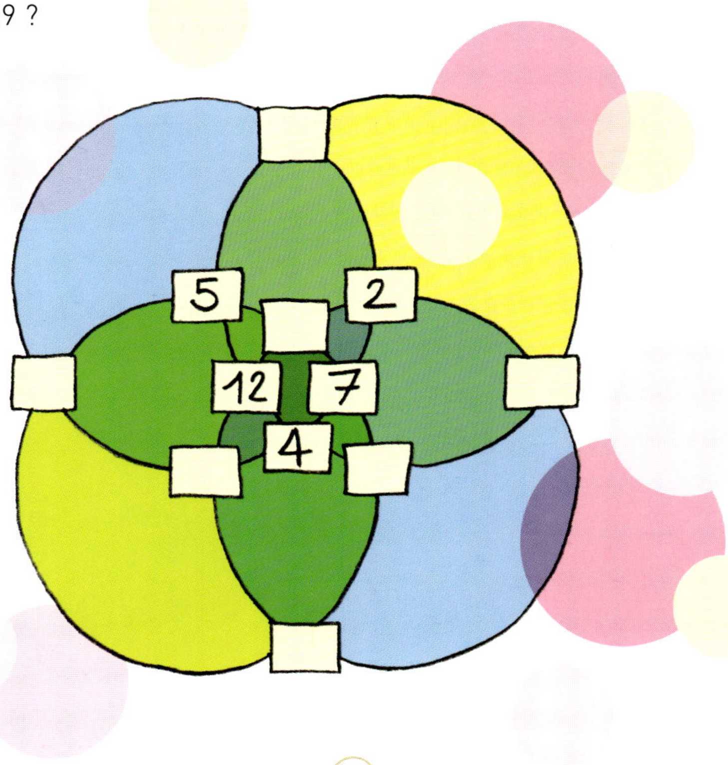

39 Incroyable... mais vrai

p. 112

pp. 139-140

134 Hexagone magique

Pouvez-vous compléter cette figure avec les nombres suivants : 1, 2, 3, 4, 5, 6, 8, 9, 10, 11, 12, 13 pour que la somme des nombres placés sur les côtés soit égale à 21 ? (Il n'y a pas le chiffre 7).

135 Carré magique de Dürer

L'artiste allemand Albrecht Dürer construisit en 1514 un carré magique un peu particulier.

Pouvez-vous le compléter avec les nombres 3, 4, 5, 6, 11, 12, 13, 14, 16 et remarquer ce qu'il a de particulier ?

136
137
138

136 Double fille

M. et Mme Durand ont 2 enfants. Sachant qu'au moins un de leurs enfants est une fille, quelle est la probabilité pour que leur 2e enfant soit aussi une fille ?

On suppose que la naissance des filles et des garçons est équiprobable.

137 L'affaire est dans le sac

Un sac contient soit une balle rouge, soit une balle bleue.
On ajoute une balle rouge dans le sac, de sorte que celui-ci contient maintenant deux balles.
Un tirage a lieu et c'est une balle rouge qui est tirée.

Quelle est la probabilité pour que la balle restant soit également bleue ?

40 Est-ce vraiment probable ?

p. 112

p. 140

138 Comme chiens et chats

Une institutrice pose les questions suivantes à ses élèves :
« Qui, parmi vous, a un chat à la maison ? »
11 élèves lèvent le doigt.

« Qui, parmi vous, a un chien à la maison ? »
16 élèves lèvent le doigt.

« Qui a un chien et un chat à la maison ? »
8 élèves lèvent le doigt.

« Qui n'a aucun animal à la maison ? »
5 élèves lèvent le doigt.

1) Combien y a-t-il d'élèves dans la classe ?

2) Si on interroge un élève au hasard, quelle est la probabilité pour qu'il ait un chien ?

139 Grille n° 1

	I	II	III	IV
A				
B				
C				
D				

A) Nombre premier compris entre 0 et 3 000.
B) Multiple de la définition III.
C) Plus grand commun multiple de 16 et 263.
D) Nombre formé par le produit de 53 et d'un nombre premier compris entre 2 et 43.

I) Nombre palindrome.
II) Carré parfait.
III) Année de parution de cet ouvrage.
IV) Nombre formé par le produit de 1 229 et d'un nombre premier.

140 Grille n° 2

139
140
141
142

Pouvez-vous compléter cette grille de nombres croisés en vous aidant des « définitions » ? Ces dernières font intervenir 4 nombres de 2 chiffres. Parmi ces 4 nombres, 2 sont premiers et 2 sont divisibles par 3. À vous de les identifier !

A) $u \bullet wx + \frac{u}{3} - 5$
B) $11u - 1 \bullet x + 4$
C) $\frac{(v - 1)}{4} \bullet 50u + 2w$
D) $\frac{vwx}{3} - u \bullet \frac{(x + 3)}{10}$
E) $(u + 8)x + 3$
F) $w \bullet wx + 5$

1) $6uw \bullet \frac{(v - w)}{11}$
2) $v \bullet w^2 + 4$
3) x^2
4) $\frac{w}{3} \bullet 10wx + 6$
5) $v^2 + 2 \bullet x$
6) $u^2 - 20 \bullet \frac{u}{4} - w + 1$

	1	2	3	4	5	6
A			■			
B				■		
C		■				
D					■	
E	■					■
F			■			

41 Nombres croisés

pp. 112-113

p. 140

141 Grille n° 3

Horizontal

A) Carré de la base du système duodécimal.

B) Les 3 premiers nombres premiers écrits dans le désordre.

C) La somme de ces chiffres est un nombre évité par les superstitieux.

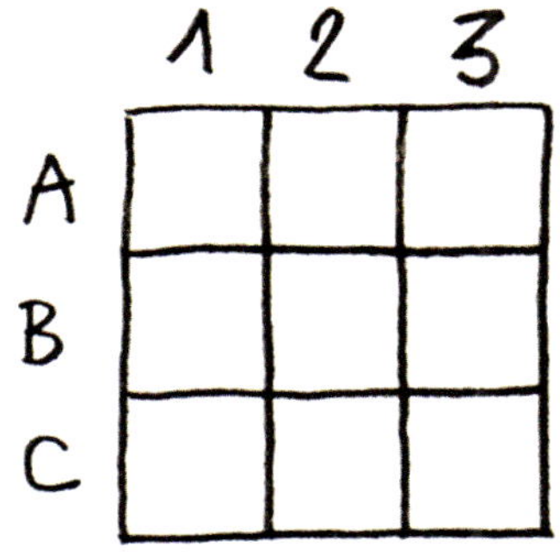

Vertical

1) Nombre composé de chiffres identiques à la définition C.

2) Les 3 chiffres de cette colonne sont des puissances de 2, décroissantes de haut en bas.

3) La différence entre le nombre lu de bas en haut et le nombre lu de haut en bas est égale à 99.

142 Grille n° 4

Pouvez-vous compléter cette grille de nombres croisés en vous aidant des « définitions » ?

A) Nombre qui s'écrit 11 110 000 001 en binaire.

B) Multiple de 71 ; plus grand diviseur commun entre 103 et 102.

C) Nombre premier ; nombre premier précédent moins 5.

D) Racine cubique de 64 ; nombre premier compris entre 640 et 660.

E) Multiple de 491.

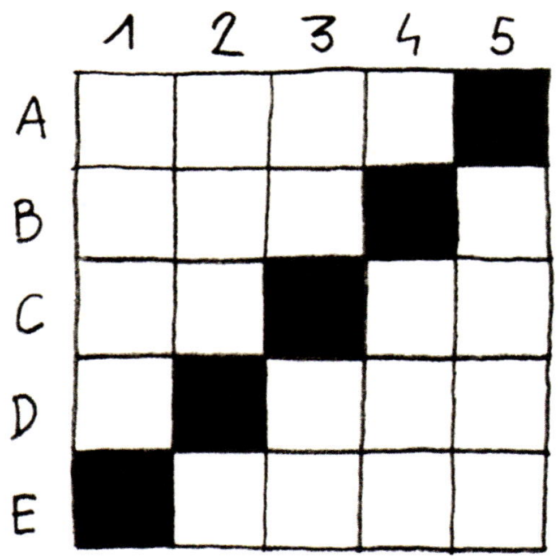

1) Le chiffre des milliers est plus petit que le chiffre des centaines, lui-même plus petit que le chiffre des dizaines, lui-même plus petit que le chiffre des unités.

2) Année de début de règne de Hugues Capet ; racine cubique de 216.

3) Nombre qui s'écrit 220 en base 3 ; multiple de 17.

4) Plus grand diviseur commun entre 199 et 251 ; plus petit commun multiple de 17 et 21.

5) Voir définition 1.

143 Il y a 5 000 ans

Les Sumériens inventèrent l'écriture, il y a environ 5 000 ans.
Pour compter, les Sumériens choisirent, non pas une base décimale, comme celle que nous utilisons quotidiennement, mais une base sexagésimale, basée sur le nombre 60.

Pour transcrire les nombres, ils inventèrent des signes correspondant aux nombres 1, 10, 60, 60 x 10, 60^2, 60^2 x 10... Ces signes étaient tracés à l'aide d'un calame, une sorte de stylet destiné à graver l'argile.

La décomposition des nombres consistait en une combinaison des signes ci-contre.

Les Sumériens utilisaient ce signe pour effectuer des soustractions.

Exemple

1 798 s'écrivait

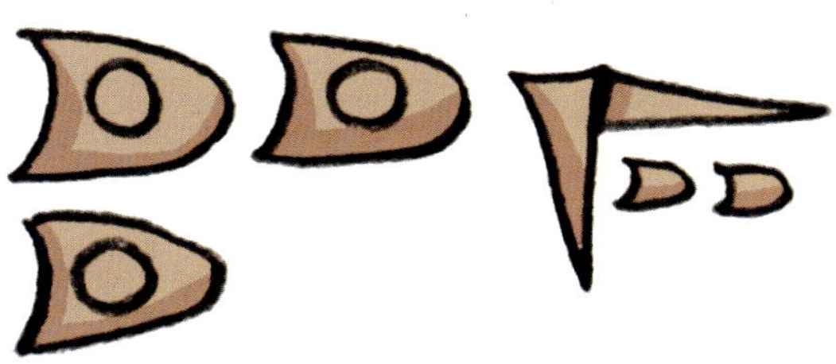

3 x 600 (= 1 800) -2 x 1 (= 2) = 1 798

Comment pourrait-on, grâce à ce procédé, écrire le nombre 109 229 ?

42 Pour devenir une bête... de somme

p. 113

p. 141

144 La spirale des nombres

Pourriez-vous placer les nombres de 5 à 16 sur la figure ci-dessous pour que :

1. la somme des nombres soit la même pour les deux diagonales ;
2. la somme des nombres soit la même pour toutes les lignes verticales.

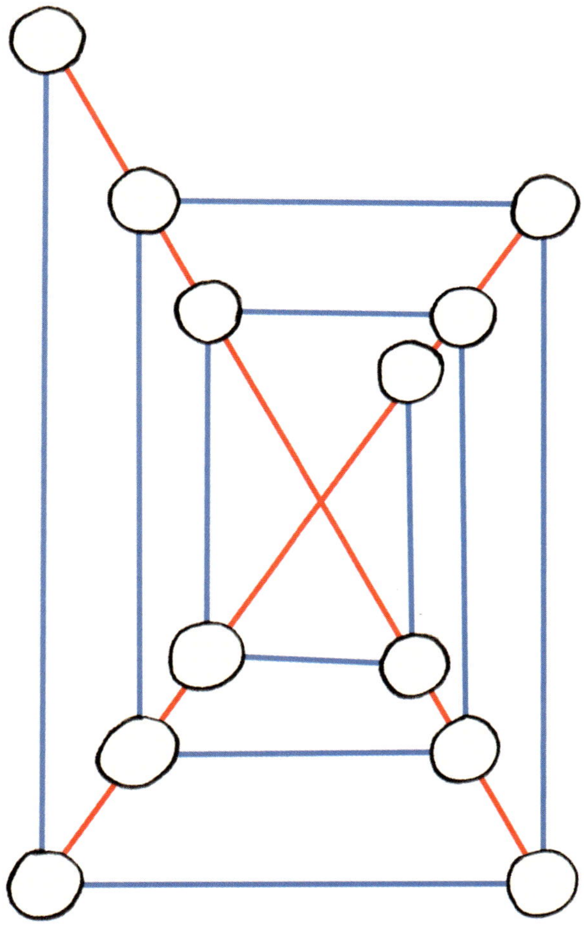

145 À peu de chose près

En ne changeant de place qu'un seul chiffre, pourriez-vous corriger ce calcul ?

$$62 - 63 - 1 = 0$$

146 Miroir, mon beau miroir

145
146
147
148

Les nombres ont des propriétés étonnantes. Aviez-vous remarqué que
$$12 \times 42 = 21 \times 24\ ?$$

Pouvez-vous trouver d'autres couples de nombres de deux chiffres ayant cette propriété réflexive ?

43 Que de nombres !

p. 113

p. 141

147 Liens manquants

Les signes + et – ont été effacés de cette opération. De plus, deux de ces chiffres doivent être rapprochés pour former un nombre à 2 chiffres.
Pouvez-vous reconstituer cette opération ?

2 3 4 5 6 7 8 9 = 99

148 Nombres surcomposés

Les nombres composés sont le produit de 2 nombres premiers ou plus, mais un nombre surcomposé a plus de diviseurs que n'importe quel nombre plus petit que lui. Par exemple, 12 est un nombre surcomposé puisqu'aucun nombre inférieur à 12 ne possède 6 diviseurs distincts, 12 ayant pour diviseurs 1, 2, 3, 4, 6 et 12.

Quel est le nombre surcomposé suivant ?

149 Mon cher trésor

Trois chercheurs d'or passent la journée à filtrer l'eau d'une rivière pour espérer trouver le métal précieux.
Ils se sont promis de tout se partager de manière égale.
A a trouvé la plus grande quantité d'or et B trois fois moins que C.
Si A donne 3 fois plus d'or à B qu'il n'en donne à C, ils auront tous les trois la même quantité d'or.
Mais A s'enfuit. B et C se consolent en se partageant l'or qui reste.
B repartira avec 100 cg d'or.

Quelle est la quantité d'or trouvée par chacun ?

150 La cible

Comment obtenir 100 points avec 6 flèches ?

44 Logique à tout prix

p. 113

p. 141

1	2	3	4
2	5	10	17
3	10	25	52
4	17	52	?

151 Nombre manquant

Pourriez-vous trouver
le nombre manquant ?

152 L'âge des moussaillons

Un capitaine dit à son enseigne de vaisseau : « J'ai trois enfants, Mouss'Tic, Mouss' Tache et Mouss'Line. Mouss'Line a trois fois l'âge de Mouss'Tic. Dans deux ans, elle aura le double de l'âge que Mouss'Tache aura à cette époque. Mouss'Tache a un an de plus que Mouss'Tic. »

Quel est l'âge des enfants du capitaine ?

153 Carré magique

Il s'agit de compléter ce carré magique 3 x 3 avec les nombres premiers suivants :
83, 89, 101, 89, 71, 53, 41, 113, 59

153
154

Euler

Né en 1707 à Bâle d'un père pasteur, destiné à une carrière religieuse, Leonhard Euler reçut une éducation très complète en théologie, langues, médecine, physique et mathématiques. Il eut toute sa vie une intense activité scientifique et laissa, à sa mort, une œuvre considérable, comprenant près de 80 volumes.
Ce que les mathématiques doivent à Euler : la fameuse droite dite d'Euler qui rejoint des points particuliers d'un triangle, le cercle dit d'Euler qui rejoint 9 points particuliers, les exposants complexes (et notamment la célèbre formule $e^{i\pi} = -1$), l'étude de sommes de séries...
Ce que la physique doit à Euler : des progrès dans l'étude théorique de la mécanique, de l'hydrodynamique...

45 Nombres premiers

p. 113

p. 141

154 Fonction indicatrice d'Euler

On appelle indicateur d'Euler ou fonction indicatrice d'Euler le nombre noté g(n) qui est égal au nombre d'entiers compris entre 0 et n-1 qui admettent 1 comme plus grand commun diviseur (PGCD) avec n.
Exemple n = 14
Le PGCD de 1 et 14 est 1. On dit alors que 1 et 14 sont premiers entre eux.
Le PGCD de 2 et 14 est 2.
Le PGCD de 3 et 14 est 1. C'est-à-dire, 3 et 14 sont premiers entre eux.
Le PGCD de 4 et 14 est 2.
Le PGCD de 5 et 14 est 1. C'est-à-dire, 5 et 14 sont premiers entre eux.
Le PGCD de 6 et 14 est 2.
Le PGCD de 7 et 14 est 7.
Le PGCD de 8 et 14 est 2.
Le PGCD de 9 et 14 est 1. C'est-à-dire, 9 et 14 sont premiers entre eux.
Le PGCD de 10 et 14 est 2.
Le PGCD de 11 et 14 est 1. C'est-à-dire, 11 et 14 sont premiers entre eux.
Le PGCD de 12 et 14 est 2.
Le PGCD de 13 et 14 est 1. C'est-à-dire, 13 et 14 sont premiers entre eux.

On constate que les 6 nombres 1, 3, 5, 9, 11, 13 admettent 1 comme PGCD avec 14.
On note dans ce cas, g(14) = 6.

Sauriez-vous déterminer
1) g(58) ?
2) g(110) ?

155 De fraction en fraction

On appelle fraction continue régulière une expression de la forme :

$$a_0 + \cfrac{1}{a_1 + \cfrac{1}{a_2 + \cfrac{1}{a_3 + \cfrac{1}{\dots}}}}$$

où a_0, a_1, a_2,..., a_n sont des entiers naturels.

À tout nombre est associée une fraction continue régulière. Cette dernière s'écrit $[a_0, a_1, a_2, \dots, a_n \dots]$. Cette décomposition peut être infinie.

Exemple : 1,6 peut s'écrire $1 + \cfrac{1}{2 + \cfrac{1}{3}}$

C'est-à-dire que la fraction continue régulière de 1,6 s'écrit [1, 2, 3]

155
156
157
158

Le génial mathématicien indien Ramanujan pensait les nombres en fractions continues.

1) À quel nombre correspond la fraction continue régulière [1, 1, 1, 1] ?
2) À quel nombre correspond la fraction continue régulière [1, 1, 1, 1, 1] ?
3) Vers quel nombre semble tendre la fraction continue régulière [1, 1, 1, 1, 1,...1,...] ?

156 Fractions continues

Quelle est la fraction continue régulière de 3,14 ?

46 De nombres en nombres

p. 113

pp. 141-142

157 Extraction des racines carrées... à la main

Comment extraire la racine carrée d'un nombre à 8 chiffres avec simplement un papier et un crayon ?
Montrons-le sur un exemple.
Quelle est la racine carrée de 75 022 195 ?

- Regroupons les chiffres non pas trois par trois mais deux par deux : 75 02 21 95.
- Considérons 75.
- Quel est le carré parfait le plus grand inférieur à 75 ? $8^2 = 64$. Le reste trouvé est 11.

- Considérons 1 102 (le reste précédent associé au groupe de 2 chiffres suivants).

Quel est le plus grand produit, inférieur à 1 102, trouvé en multipliant (16a) x a ?
La réponse est a = 6, car 166 x 6 = 996 < 1 102. Le reste trouvé est 106.
Ici, a représente le chiffre des unités d'un nombre à 3 chiffres : 16a.
16 est le double de 8.

- Considérons 10 621 (le reste précédent associé au groupe de 2 chiffres suivants).

Quel est le plus grand produit, inférieur à 10 621, trouvé en multipliant (172b) x b ?
La réponse est b = 6, car 1 726 x 6 = 10 356 < 10 621. Le reste trouvé est 265.
Ici, b représente le chiffre des unités d'un nombre à 4 chiffres : 172b.
172 est le double de 86.

- Considérons 26 595 (le reste précédent associé au groupe de 2 chiffres suivants).

Quel est le plus grand produit, inférieur à 26 595, trouvé en multipliant (1 732c) x c ?
La réponse est c = 1, car 17 321 x 1 = 17 321 < 26 595.
Ici, c représente le chiffre des unités d'un nombre à 5 chiffres : 1 732b.
1 732 est le double de 866.

La racine carrée cherchée est comprise entre 8 661 et 8 662. On pourrait continuer ainsi pour avoir des décimales supplémentaires.

Quelle est la racine carrée de 8 467 ?

158 Extraction des racines carrées... à la main (2)

Quelles sont les 2 premières décimales de √11 ?

159 Carrés gigognes

159
160

Trois carrés sont imbriqués les uns dans les autres. Le blanc dans le bleu et le rouge dans le blanc. Dans la figure A, les carrés sont construits à partir des milieux des segments. Dans la figure B, les carrés sont construits aux quarts de la longueur des segments.

Dans quelle figure la surface blanche restante est-elle la plus grande ?

47 Débarbouillez les figures

p. 113

p. 142

160 Vagues à l'âme

Quelle est la plus grande des surfaces oranges, la n° 1 ou la n° 2 ?

INDICES
Chapitres 37 à 47

37 Limitation de vitesse

- **124** Le plus rapide double le plus lent après un tour de piste. Si v_1 est la vitesse du plus rapide et v_2 la vitesse du plus lent,
$v_1 \times t = 300 + v_2 \times t$
$v_1 \times t$ = distance parcourue par le plus rapide.
$v_2 \times t$ = distance parcourue par le plus lent.
Ils se croisent au bout d'un temps τ.
Donc, $v_1 \times \tau = 300 - v_2 \times \tau$
- **125** En un jour, elle avance de un mètre.
- **126** Le réflexe est de dire 5 lieues par heure. Mais l'aller et le retour ne durent pas le même temps.
- **127** A est le troisième.
D'après la 3e affirmation, D est soit 2e entre E qui est 1er et A qui est 3e, soit 4e entre E qui est 5e et A qui est, quoi qu'il arrive, 3e. D'après la 4e affirmation, D est 2e entre E qui est 1er et A qui est 3e.
L'ordre partiel est le suivant : EDA.

38 Étranges équations

- **128** La présence de 4 chiffres au résultat prouve l'existence d'une retenue. On peut penser que les résultats commencent par 11 ou 22.
- **129** Il n'est question que d'additions.
- **130** Et pourtant, toutes les étapes sont correctes...
- **131** Une puissance négative correspond à un inverse.
Exemple : $3^{-1} = \frac{1}{3}$

39 Incroyable... mais vrai

- **132** Le produit de chaque ligne, chaque colonne et chaque diagonale doit être égal à 216.
- **133**

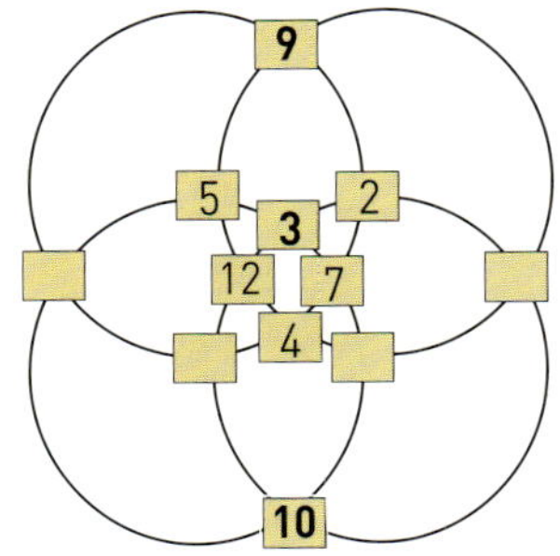

- **134**

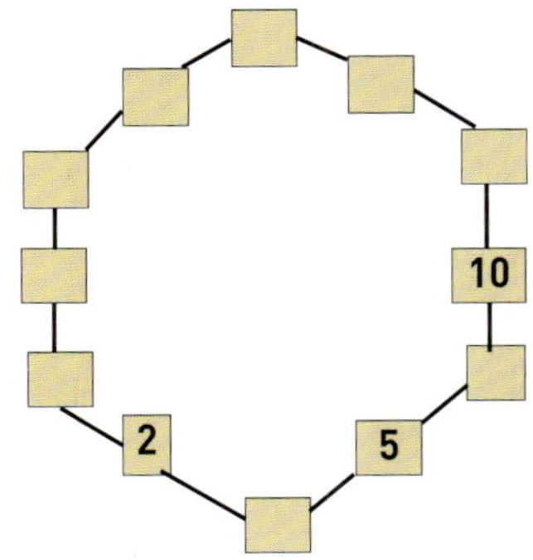

- **135**

16	**3**	2	**13**
	10		8
9		7	
	15		**1**

40 Est-ce vraiment probable ?

- **136** Le réflexe est de répondre une chance sur deux. Il faut comptabiliser le nombre de cas intéressants pour le problème et le nombre de cas à considérer.
- **137** Quatre cas possibles :
1) Le sac contient une balle rouge 1 et une balle bleue. La balle rouge 1 est tirée, il reste la balle bleue.
2) Le sac contient une balle rouge 1 et une balle bleue. La balle bleue est tirée, il reste la balle rouge 1.
3) Le sac contient deux balles rouges 1 et 2. La balle rouge 1 est tirée, il reste la balle rouge 2.
4) Le sac contient deux balles rouges 1 et 2. La balle rouge 2 est tirée, il reste la balle rouge 1.
- **138** Il y a 4 groupes distincts dans la classe :
1) Ceux qui possèdent un chat, mais pas de chien.
2) Ceux qui possèdent un chien, mais pas de chat.
3) Ceux qui possèdent les deux animaux.
4) Ceux qui ne possèdent aucun animal.

41 Nombre croisés

- **139** Il y a 2 possibilités pour le multiple de III : 4 006 ou 6 009. Mais 6 009 ne convient pas car la première case de la c) devrait être 6 (à cause du palindrome en I), ce qui est incompatible avec le plus grand multiple commun de 16 et 263 qui est égal à 4 208.

▸ **140** Il y a plusieurs indices concernant u :
u est un nombre de deux chiffres. u est divisible par 3.
u > 9 car 11u – 1 est un nombre de 3 chiffres.
u est divisible par 4.
u > 31 car u^2 - 20 comporte 4 chiffres.
Il y a 6 possibilités pour u : 36, 48, 60, 72, 84, 96.
Il y a plusieurs indices concernant v :
v est un nombre de 2 chiffres.
v < 32 car v^2 + 2 est un nombre de 3 chiffres.
Comme $(\frac{v-1}{4})$, il y a 5 possibilités pour v : 29, 25, 21, 17, 13.
On constate que les 3 couples répondant aux définitions A et 2 sont : u = 72, v = 29
u = 72, v = 25
u = 72, v = 21

▸ **141**

	1	2	3
A	**1**	**4**	**4**
B		**2**	
C		**1**	

▸ **142**

	1	2	3	4	5
A	**1**	**9**	**2**	**1**	■
B				■	
C			■		
D		■			
E	■				

42 Pour devenir une bête... de somme

▸ **143** 109 229 = (36 000 x 3) + (2 x 600) + (3 x 10) - 1

▸ **144** La somme des nombres de 5 à 16 est égale à 126. La somme des nombres des diagonales est égale à 63. La somme des nombres des lignes verticales est égale à 21.

43 Que de nombres !

▸ **145** Pensez aux puissances.

▸ **146** Exemples : 13 x 62 = 31 x 26 et 23 x 96 = 32 x 69

▸ **147** Il faut encore chercher un peu...

▸ **148** 12 devrait vous aider.

44 Logique à tout prix

▸ **149** B et C ont trouvé 200 cg d'or à eux deux.

▸ **150** Six flèches sont nécessaires.

▸ **151** Facile...

▸ **152** On appelle X l'âge de Mouss'Line, Y l'âge de Mouss'Tic et Z l'âge de Mouss'Tache.
La première affirmation s'écrit X = 3 Y
La seconde (X + 2) = 2 x (Z + 2)
X + 2 est l'âge de Mouss'Line dans 2 ans.
2 x (Z + 2) est l'âge de Mouss'Tache dans 2 ans.
Et enfin, Z = Y + 1

45 Nombres premiers

▸ **153** La somme des lignes, des colonnes et des diagonales est égale à 213. Le nombre 71 est au centre.

▸ **154** Indice
Voici le tableau des premières valeur de g(n) pour n compris entre 1 et 15

n	1	2	3	4	5	6	7	8	9	10	11	12	13	14	15
g(n)	1	1	2	2	4	2	6	4	6	4	10	4	12	6	8

pp. 138-142

On remarque que lorsque deux nombres a et b sont premiers entre eux alors, g(a x b) = g(a) x g(b).
Exemple : g(3) = 2 g(5) = 4
Or, 3 et 5 sont premiers entre eux.
Donc, g(15) = g(3) x g(5) = 8.
De plus, on remarque que lorsque n est premier, g(n) = n-1
Exemples : g(13) =12 g(7) = 6

46 De nombres en nombres

▸ **155** 1) Il s'agit de : $1+\cfrac{1}{1+\cfrac{1}{1+\cfrac{1}{1}}}$
2) Voir 1)
3) N'a-t-on pas rencontré cette suite au chapitre n° 9 ?

▸ **156** Le premier terme a_0 est évidemment égal à 3.
$\frac{1}{0,14}$ = 7,14285... = 7 + 0,14285...
Le deuxième terme est égal à 7.

▸ **157** Le premier chiffre trouvé est 9 car 9^2 = 81 < 84.
Le reste est 3.

▸ **158** Le chiffre des unités est évidemment égal à 3.
Quel est le plus grand produit, inférieur à 200, trouvé en multipliant (6a) x a ? La réponse est a = 3, car 63 x 3 = 189 < 200. Le reste trouvé est 11.
Le premier chiffre après la virgule est égal à 3.

47 Débarbouillez les figures

▸ **159** Calcul de la surface blanche pour la figure A
• Surface du carré bleu :
$(2a)^2 = 4a^2$
• Surface du carré blanc :
$(a\sqrt{2})^2 = 2a^2$
• Surface du carré rouge : a^2
Surface blanche restante :
surface du carré blanc-
surface du carré rouge
$= 2a^2 - a^2 = a^2$

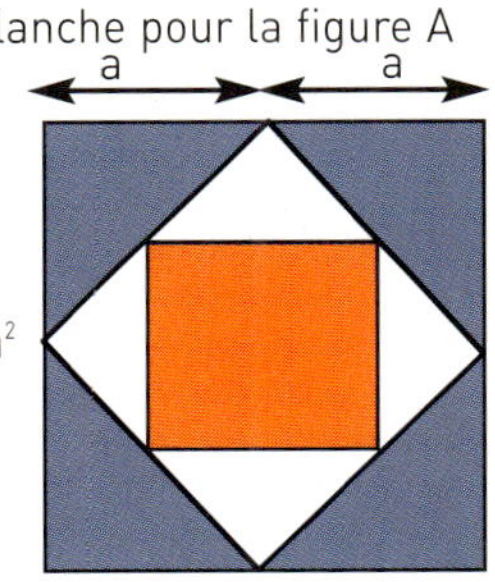

A

▸ **160** Calcul de la surface n° 1'
• Surface n° 1' :
$\frac{(\pi(2a)^2 - \pi(a)^2)}{2} = \frac{3\pi a^2}{2}$
• Surface n° 1''
$\frac{(\pi(3a)^2 - \pi(2a)^2)}{2} = \frac{5\pi a^2}{2}$
Donc, la surface n° 1 est égale à $4\pi a^2$.

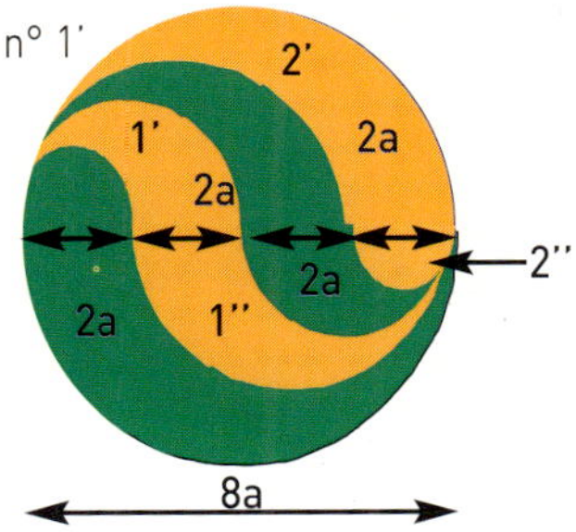

Le nombre π est une notion incontournable pour les écoliers du monde entier. Depuis l'Antiquité, les hommes ont toujours cherché à découvrir les innombrables propriétés de ce nombre qui fascine autant qu'il intrigue.

La première approche est géométrique. π est défini comme le rapport constant entre le périmètre d'un cercle et son diamètre :

$$\pi = \frac{P}{d}$$

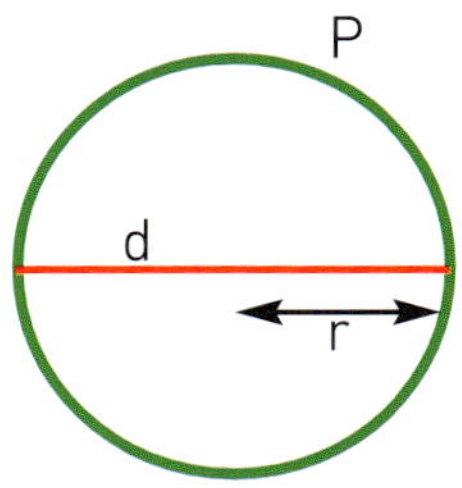

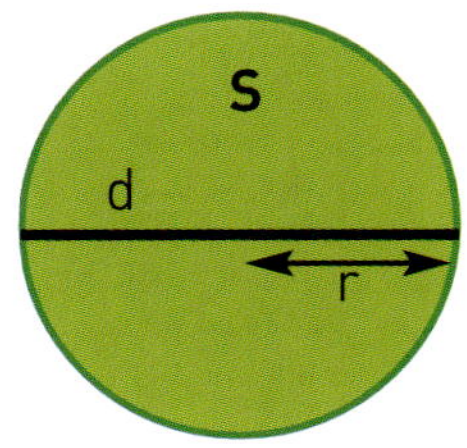

$$\pi = \frac{S}{r^2}$$

Comme le diamètre est égal à deux fois le rayon $d = 2r$, $\pi = P/2r$
Le fameux périmètre, $P = 2\pi r$ (ou phonétiquement « 2 pierres »).
π peut être également défini comme le rapport entre la surface d'un disque et son rayon au carré ($\pi = S/r^2$).

On pourrait se contenter de ces deux définitions et néanmoins faire de très belles mathématiques. On pourrait se contenter également de sa valeur approchée universellement connue : $\pi = 3{,}14$.
Mais la curiosité a triomphé et les plus grands mathématiciens se sont passionnés pour ce nombre en lui donnant d'autres définitions, en essayant de lui trouver le plus grand nombre de décimales possibles.
Archimède de Syracuse, mathématicien du IIIe siècle avant Jésus-Christ, essaya d'affiner la détermination de π en entourant un cercle par des polygones intérieur et extérieur. Le périmètre d'un polygone étant aisé à calculer, l'idée d'Archimède était d'assimiler le périmètre d'un cercle au périmètre d'un polygone à un très grand nombre de côtés.

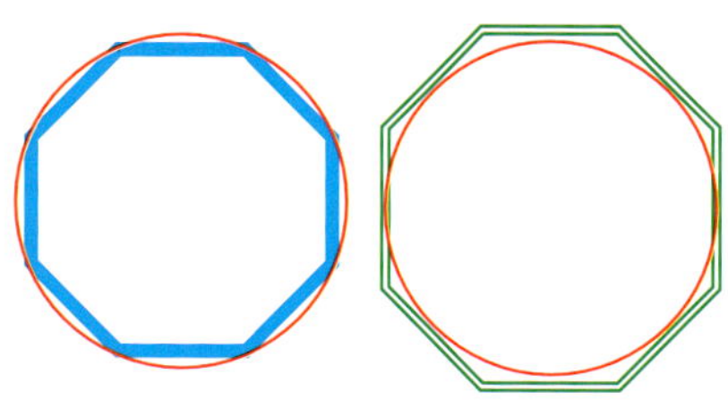

La deuxième approche est analytique. Certaines formules comportant des termes à l'infini furent établies au XVIIe siècle, période féconde qui vit la naissance du calcul différentiel.

Le nombre π

Voici, en vrac, des formules restées célèbres, même si certaines d'entre elles convergent très lentement, c'est-à-dire qu'il est nécessaire d'avoir beaucoup de termes pour engendrer de nouvelles décimales de π.

$1-\frac{1}{3}+\frac{1}{5}-\frac{1}{7}+\frac{1}{9}\ldots=\frac{\pi}{4}$ (Mise en évidence par le mathématicien écossais **Grégory** au XVIIe siècle)

$\frac{1}{(1 \times 3)}+\frac{1}{(5 \times 7)}+\frac{1}{(9 \times 11)}+\ldots=\frac{\pi}{4}$ (Formule de **Leibniz** à la fin du XVIIe siècle)

$1+\frac{1}{4}+\frac{1}{9}+\frac{1}{16}\ldots=\frac{\pi^2}{6}$ (Formule d'**Euler** au XVIIe siècle)

Au XXe siècle, des formules mystérieuses surgirent du cerveau du génial mathématicien indien **Ramanujan**.

$4\sqrt{(102-\frac{2222}{484})} \approx 3{,}1415926525\ldots$ (Les 2 dernières décimales sont fausses)

Ou encore

$\frac{9}{5}+\sqrt{(\frac{9}{5})}=3{,}14164\ldots$ (Les 2 dernières décimales sont fausses)

D'une centaine de décimales au XVIIIe siècle, on arrive aujourd'hui à déterminer plus de 200 milliards de décimales (équipe de Yasumasa Kanada au Japon).
La recherche effrénée des décimales de π a permis de faire des statistiques. Ainsi, a-t-on pu remarquer que sur 6 milliards de décimales, les dix chiffres (de 0 à 9) apparaissaient chacun à peu près 600 000 fois.

Le nombre π est irrationnel. C'est-à-dire qu'il est impossible de l'exprimer sous la forme d'une fraction $\frac{a}{b}$ (où a est un entier relatif et b un entier relatif différent de 0).

Et pourtant, les premières approximations de π furent des approximations rationnelles.

$3+\frac{1}{8}\,;\,\frac{22}{7}\,;\,\frac{223}{71}\,;\ldots\,3+\frac{177}{1250}$

La conséquence de cette irrationnalité est que les décimales ne sont pas cycliques, et donc non prévisibles.

Le nombre π est transcendant. C'est-à-dire qu'il n'est pas solution d'une équation ne faisant intervenir que des nombres entiers et les opérations usuelles.
Exemple : $\frac{(1+\sqrt{5})}{2}$ n'est pas transcendant (on dit qu'il est algébrique) car il est solution de l'équation : $x^2 - x - 1 = 0$ (Ce nombre est d'ailleurs appelé le nombre d'or).

Que j'aime à faire apprendre un nombre utile aux sages !
Immortel Archimède, artiste ingénieur
Qui de ton jugement peut priser la valeur
Pour moi ton problème eut de sérieux avantages.

$\pi \approx 3{,}14159265358979323846264338327 9\ldots$

Nombres premiers jusqu'à 1 000 :

2, 3, 5, 7, 11, 13, 17, 19, 23, 29, 31, 37,
41, 43, 47, 53, 59, 61, 67, 71, 73, 79, 83, 89, 97,
101, 103, 107, 109, 113, 127, 131, 137, 139, 149, 151, 157, 163, 167, 173, 179, 181, 191, 193, 197, 199,
211, 223, 227, 229, 233, 239, 241, 251, 257, 263, 269, 271, 277, 281, 283, 293,
307, 311, 313, 317, 331, 337, 347, 349, 353, 359, 367, 373, 379, 383, 389, 397,
401, 409, 419, 421, 431, 433, 439, 443, 449, 457, 461, 463, 467, 479, 487, 491, 499,
503, 509, 521, 523, 541, 547, 557, 563, 569, 571, 577, 587, 593, 599,
601, 607, 613, 617, 619, 631, 641, 643, 647, 653, 659, 661, 673, 677, 683, 691,
701, 709, 719, 727, 733, 739, 743, 751, 757, 761, 769, 773, 787, 797,
809, 811, 821, 823, 827, 829, 839, 853, 857, 859, 863, 877, 881, 883, 887,
907, 911, 919, 929, 937, 941, 947, 953, 967, 971, 977, 983, 991, 997...

Des nombres utiles aux sages

Carrés parfaits jusqu'à 1 000

$1^2 = 1$
$2^2 = 4$
$3^2 = 9$
$4^2 = 16$
$5^2 = 25$
$6^2 = 36$
$7^2 = 49$
$8^2 = 64$
$9^2 = 81$
$10^2 = 100$
$11^2 = 121$
$12^2 = 144$
$13^2 = 169$
$14^2 = 196$
$15^2 = 225$
$16^2 = 256$
$17^2 = 289$
$18^2 = 324$
$19^2 = 361$
$20^2 = 400$
$21^2 = 441$
$22^2 = 484$
$23^2 = 529$
$24^2 = 576$
$25^2 = 625$
$26^2 = 676$
$27^2 = 729$
$28^2 = 784$
$29^2 = 841$
$30^2 = 900$
$31^2 = 961$

Quelques racines carrées utiles

$\sqrt{2} \approx 1,41$
$\sqrt{3} \approx 1,73$
$\sqrt{5} \approx 2,24$
$\sqrt{7} \approx 2,65$

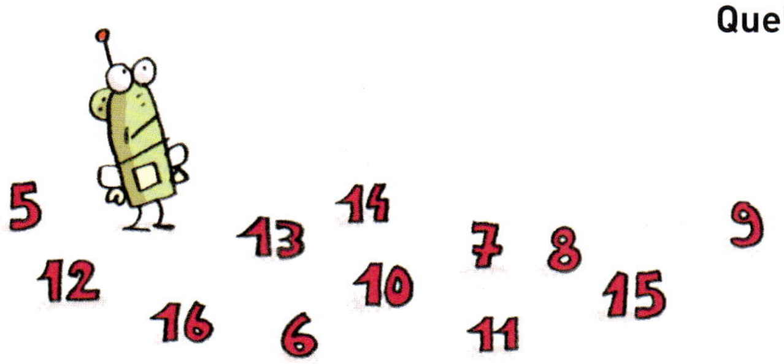

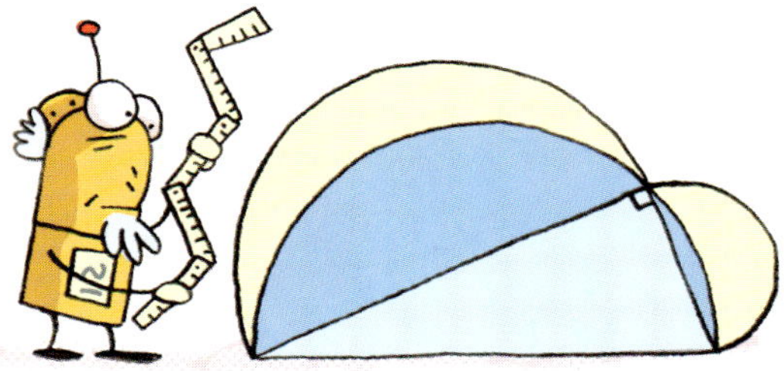

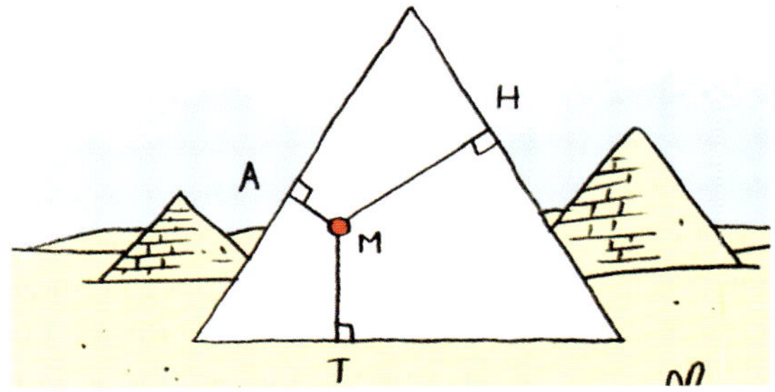

THÉOREME DE PYTHAGORE

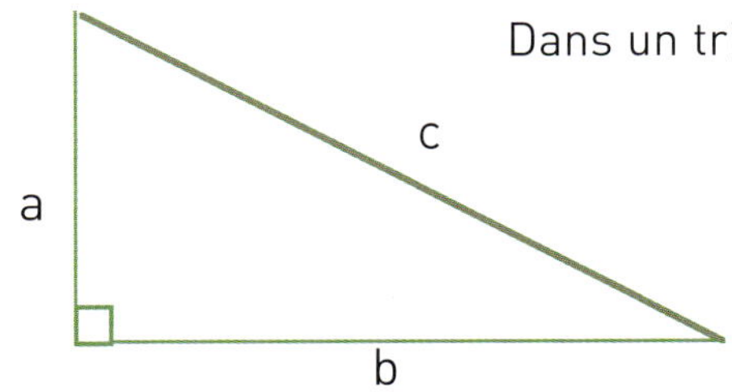

Dans un triangle rectangle :

$a^2 + b^2 = c^2$

ou

$b = \sqrt{(c^2-a^2)}$

ou

$a = \sqrt{(c^2-b^2)}$

CALCUL DU PÉRIMÈTRE

Le cercle

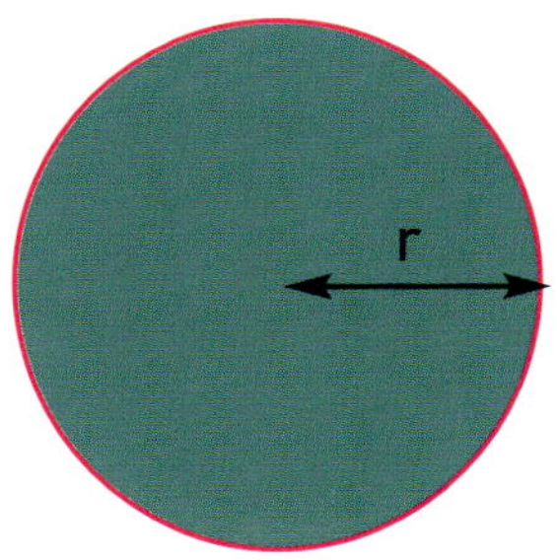

$P = 2\pi r$

Le rectangle

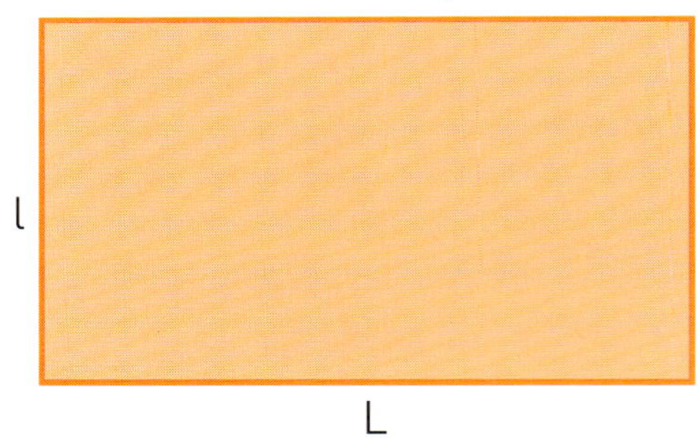

$P = 2 \times (L + l)$

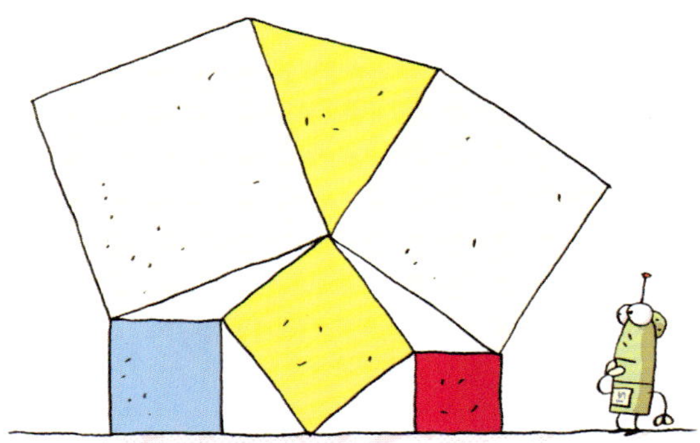

Des formules utiles aux sages

CALCUL DE LA SURFACE

Le cercle

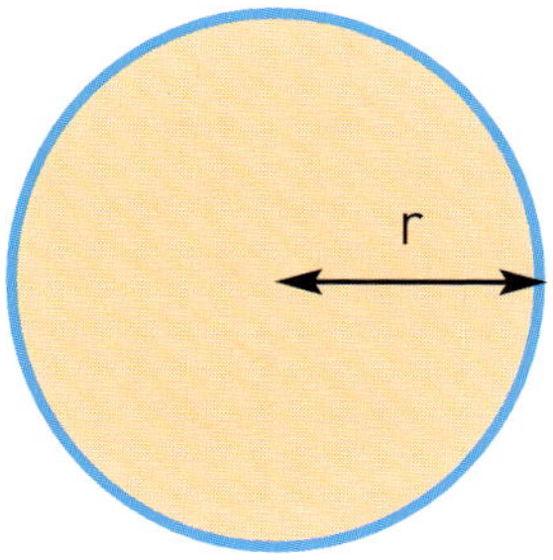

$S = \pi r^2$

Le rectangle

$S = L \times l$

Le triangle

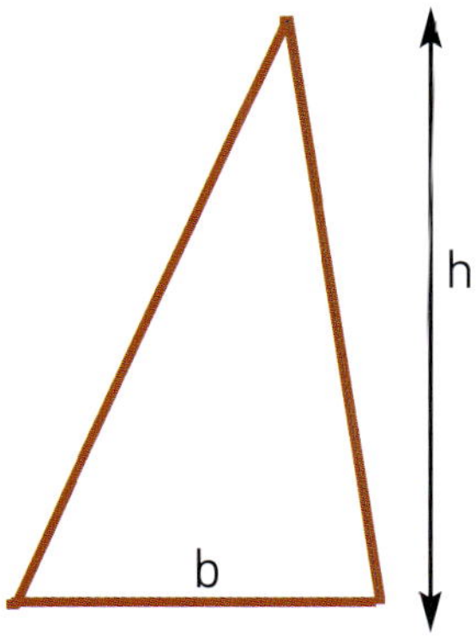

$S = b \times \frac{h}{2}$

Le trapèze

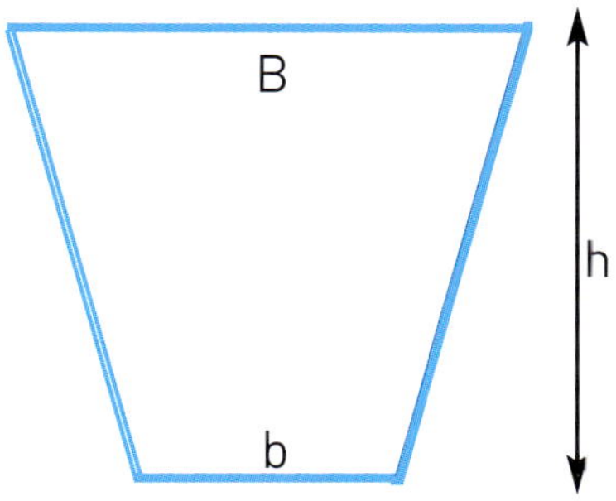

$S = h \times \frac{(B+b)}{2}$

CALCUL DU VOLUME

La sphère

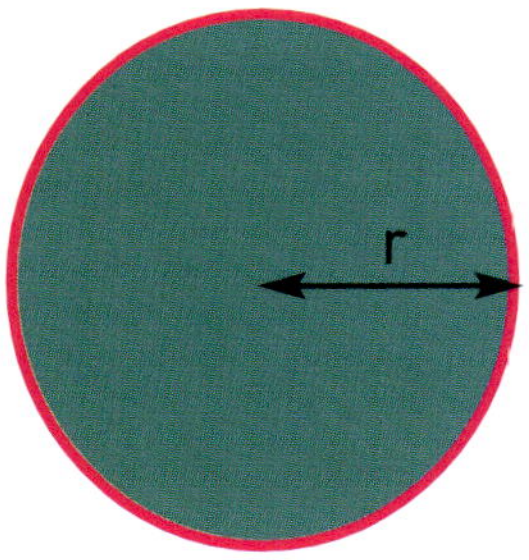

$V = \frac{4}{3} \times \pi r^3$

Le cylindre

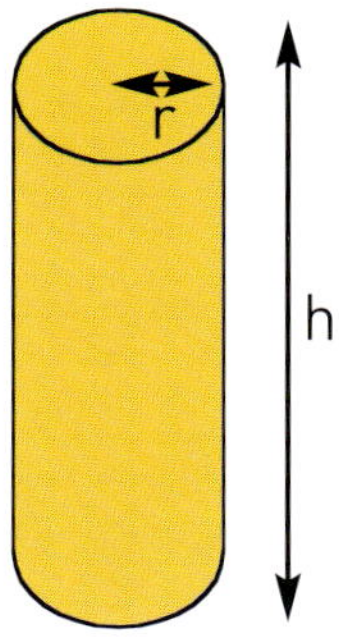

$V = h \times \pi r^2$

SOLUT

IONS

SOLUTIONS

1 Décomposition de nombres

1

2 1) $2\,003 = 1\,849 + 144 + 9 + 1 = 43^2 + 12^2 + 3^2 + 1^2$

$2\,003 = 1\,849 + 81 + 64 + 9 = 43^2 + 9^2 + 8^2 + 3^2$

$2\,003 = 1\,681 + 225 + 81 + 16 = 41^2 + 15^2 + 9^2 + 4^2$

Il existe plusieurs décompositions.

2) $2\,003 = 1\,296 + 625 + 81 + 1 = 6^4 + 5^4 + 3^4 + 1^4$

3 $\frac{2\,520}{(9 \times 5 \times 1)} = 56$

$30 - (9 + 1 + 5) = 15$

Les 2 chiffres manquants sont 7 et 8.
Les 5 chiffres sont 1, 5, 7, 8, 9

4 $2\,809 - 2\,704 = 105$

$2\,916 - 2\,809 = 107$

Le carré d'un entier peut s'exprimer comme la somme de nombres impairs consécutifs.

1 = 1
4 = 1 + 3
9 = 1 + 3 + 5
16 = 1 + 3 + 5 + 7
25 = 1 + 3 + 5 + 7 + 9

Ainsi, pour compléter la suite, le prochain carré sera 2 916 + 109 = 3 025 ($=55^2$)

2 De temps en temps

5 À 6 coups correspondent 5 intervalles donc 5 secondes. À 7 coups correspondent 6 intervalles donc 6 secondes. À 12 coups correspondent 11 intervalles donc 11 secondes.

6 Au bout de 72 jours, celle de Lepaute indiquera 18 h 00, celle de Beaumarchais 06 h 00 : les aiguilles seront superposées.

7 $30\,T + 30 = 360\,T$. Ce qui donne $T = \frac{1}{11}$ heure, c'est à dire 5,4545... minutes, c'est-à-dire 5 minutes et 27,2727... secondes. La prochaine coïncidence se produira à 01 h 5 mn et 27,2727... secondes.

Et les suivantes :

02 h 10 mn et 54, 54... s ; 03 h 16 mn et 21,82... s
04 h 21 mn et 49,09... s ; 05 h 27 mn et 16,36... s
06 h 32 mn et 43,64... s ; 07 h 38 mn et 10,91... s
08 h 43 mn et 38,18... s ; 09 h 49 mn et 5,45... s
10 h 54 mn et 32,73... s

À part minuit, la superposition des deux aiguilles se produit 11 fois en 12 heures de temps.

3 Il ne manque pas d'aire !

8 Isolons une branche verte de l'étoile :

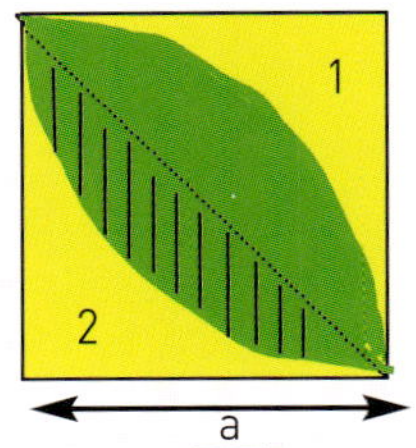

Calculons la surface jaune n° 1 :

aire du petit carré $(\frac{a}{2\sqrt2}) \times (\frac{a}{2\sqrt2}) = a \times \frac{a}{8}$

aire du quart de disque qui engendre la demi-branche : $\frac{1}{4} \times \pi(\frac{a}{2\sqrt2})^2$

surface jaune n°1 : $\frac{a^2}{8} - \frac{1}{4} \times \pi(\frac{a}{2\sqrt2})^2$

Calculons la surface jaune totale (n° 1 et n° 2 dans le petit carré.

$2 \times (\frac{a^2}{8} - \frac{1}{4} \times \pi\frac{a}{2\sqrt2}) = a^2 (\frac{1}{4} - \frac{\pi}{16})$

Calculons la surface jaune totale dans le carré moyen

$4 \times a^2(\frac{1}{4} - \frac{\pi}{16}) = a^2(1 - \frac{\pi}{4})$

Bilan :

surface jaune : $a^2(1 - \frac{\pi}{4}) + a^2(1 - \frac{\pi}{4}) = a^2(2 - \frac{\pi}{2})$

surface verte : a^2 - surface jaune $= a^2(\frac{\pi}{2} - 1)$

La surface verte est plus grande que la surface jaune

9 Ce problème est lié au théorème de Pythagore.

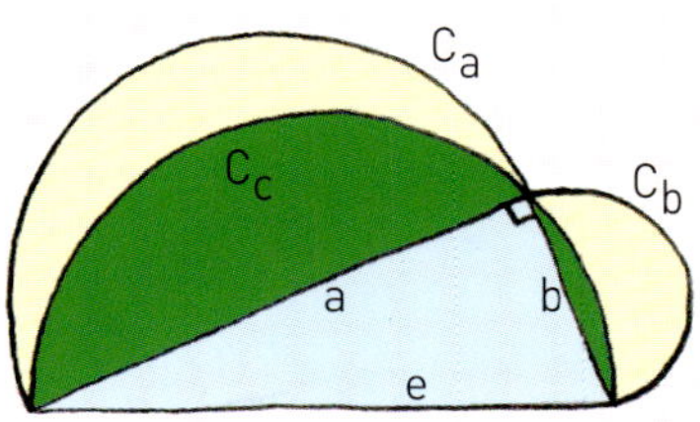

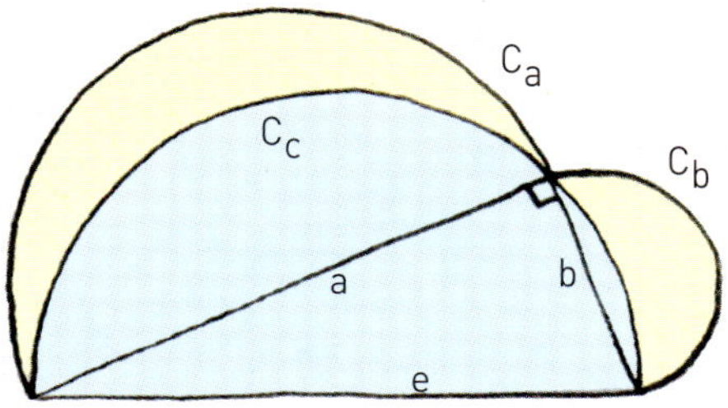

Dans un premier temps, déterminons la surface verte. Il s'agit d'enlever l'aire du triangle à la surface bleue.

Ainsi, surface verte = $\frac{(\pi(\frac{e}{2})^2)}{2} - \frac{ab}{2}$

La surface jaune est égale à la différence entre les demi-disques C_a-C_b et la surface verte

Surface jaune = $\frac{(\pi(\frac{a}{2})^2)}{2} + \frac{(\pi(\frac{b}{2})^2)}{2}$ - surface verte

Surface jaune = $\frac{(\pi(\frac{a}{2})^2)}{2} + \frac{(\pi(\frac{b}{2})^2)}{2} - \frac{((\pi(\frac{e}{2})^2)}{2} - \frac{ab}{2}$

Or, d'après le théorème de Pythagore, $a^2 + b^2 = e^2$

Donc surface jaune = $\frac{ab}{2}$ = aire du triangle

▸ **10** Une propriété en mathématiques énonce que : dans un triangle rectangle, et dans celui de la figure en particulier, $L^2 = ab$ (voir la remarque pour le détail de cette propriété).

Donc,

aire de la surface verte = $\pi \frac{ab}{4} = \pi \frac{L^2}{4} = \pi (\frac{L}{2})^2$

La surface verte est équivalente à la surface d'un cercle de diamètre L.

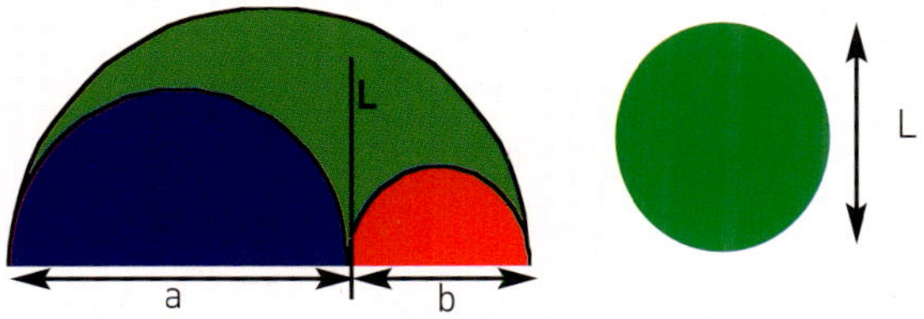

Remarque

Dans le triangle n° 1, d'après le théorème de Pythagore, l'hypoténuse est égale à $\sqrt{(L^2 + a^2)}$

Dans le triangle n° 2, d'après le théorème de Pythagore, l'hypoténuse est égale à $\sqrt{(L^2 + b^2)}$

Dans le grand triangle,

$L^2 + a^2 + L^2 + b^2 = (a+b)^2 = a^2 + 2ab + b^2$

Donc, $L^2 = ab$

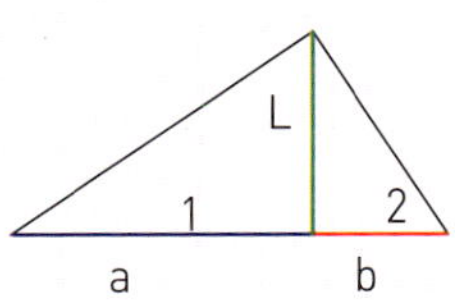

▸ **11**

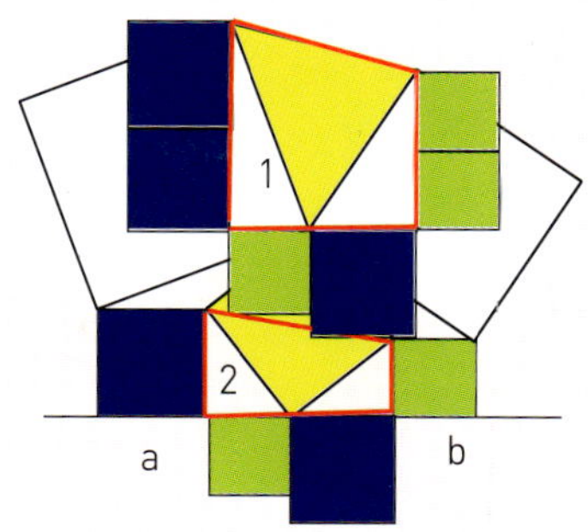

Dans le trapèze n° 1, l'aire jaune est égale à : aire du trapèze - aire des deux triangles blancs, c'est-à-dire $\frac{(2a + 2b)(a + b)}{2} - \frac{2ab}{2} - \frac{2ab}{2} = a^2 + b^2$

(On rappelle que l'aire d'un trapèze est égale à $\frac{\text{(grande base + petite base) x hauteur)}}{2}$

Dans le trapèze n° 1, l'aire jaune est égale à : 2 x (aire du trapèze - aire des deux triangles blancs)

$2 \times (\frac{(a + b)(a + b)}{2} - \frac{ab}{2} - \frac{ab}{2}) = a^2 + b^2$

Les 2 surfaces jaunes sont égales.

4 Probable, vous avez dit probable !

▸ **12** 1)

Probabilité = $\frac{4}{9} \times \frac{3}{8} \times \frac{2}{7} \times \frac{1}{6} = \frac{24}{3\,024} = \frac{1}{126}$

Il y une chance sur 126 de tirer les 4 numéros intéressants.

2)

Probabilité = $\frac{1}{9} \times \frac{2}{8} \times \frac{1}{7} \times \frac{1}{6} = \frac{2}{3\,024} = \frac{1}{1\,512}$

Il y a une chance sur 1512 de les tirer dans l'ordre.

▸ **13** Avec 3 médecins, il y 81 (3^4) possibilités d'appel. Il y 3 possibilités d'appeler le même médecin.

Probabilité = $\frac{3}{81} = \frac{1}{27}$

▸ **14** 1) Dans le pire des cas, lors des trois premiers tirages, il tire une chaussette bleue, une chaussette rouge et une chaussette blanche. Le quatrième tirage sera le bon et complétera une paire. Il faut donc extraire au minimum 4 chaussettes.

2) Pour les gants, lors des 9 premiers tirages, il peut tirer 5 gants blancs droits et 4 gants noirs droits. Le 10e tirage complétera une paire. Il faut donc extraire au minimum 10 gants.

SOLUTIONS

▸ **15** 1) Il faut retirer IA, IB, IC, ..., c'est-à-dire 26 possibilités.
Il faut également retirer OA, OB, OC... encore 26 possibilités.
26 x 26 - 52 = 624
Il y a 1 chance sur 624 que les 2 lettres de la plaque minéralogique d'une voiture correspondent aux initiales du propriétaire de la voiture.

2) Il faut retirer 999 nombres à trois chiffres ou moins, et tous les nombres compris entre 1000 et 1900.
De plus en 2003, les personnes ayant l'âge minimum pour conduire (18 ans) sont nées en 1985. Il faut donc supprimer tous les nombres compris entre 1986 et 1999.
Il y a en fait 85 possibilités. (Ceux qui sont nés entre 1901 et 1985).
Il y a 9000 nombres à 4 chiffres entre 1000 et 9999.

Probabilité $= \frac{85}{90\,000} \approx \frac{1}{106}$

5 On tourne en rond

▸ **16** Il y a 8 solutions (2 sont dans les indices).

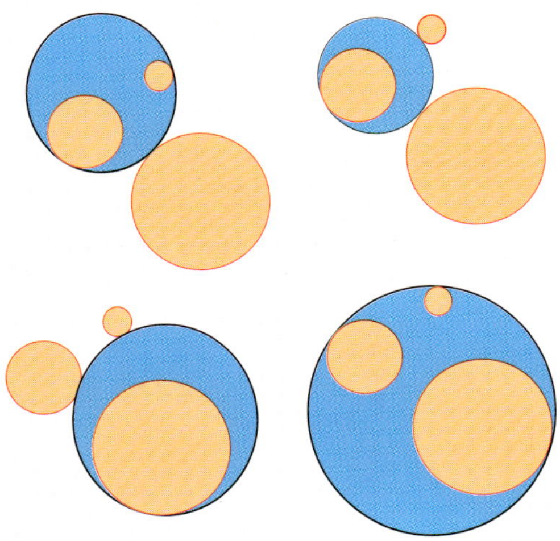

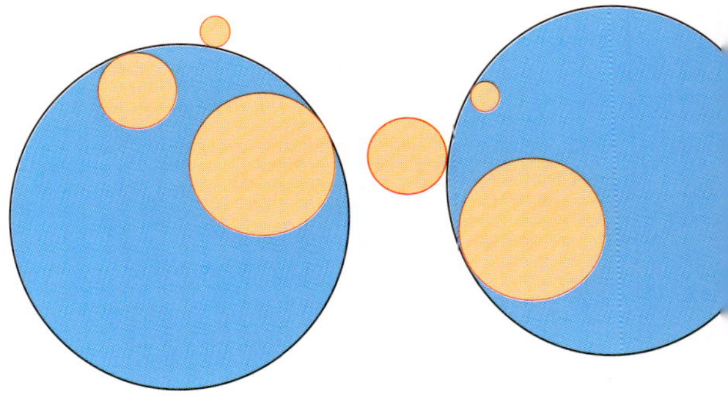

▸ **17** 1) Le centre d'un cercle circonscrit est le point de rencontre des médiatrices.

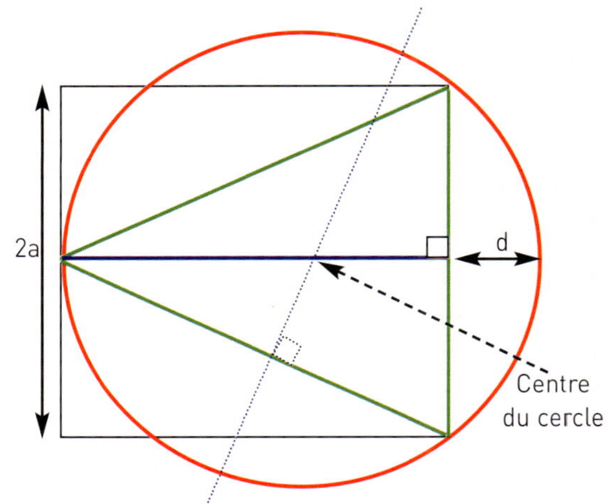

2) La longueur de la médiatrice en trait plein de couleur bleue est égale à 2a.

Utilisons le théorème de Pythagore dans trois triangles rectangles.

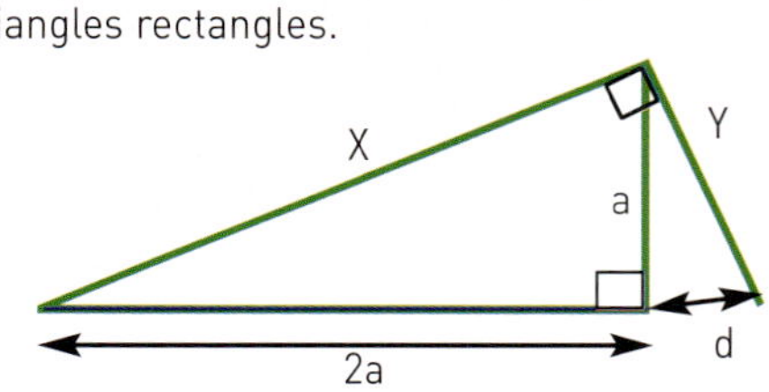

D'une part, on a
$x^2 = a^2 + (2a)^2 = 5a^2$ (1)
D'autre part,
$x^2 + y^2 = (2a + d)^2$ (2)
Enfin, $y^2 = d^2 + a^2$ (3)
Les relations (1) et (3) nous donnent des valeurs de x^2 et y^2. Injectés dans la relation (2),
$5a^2 + (d^2 + a^2) = (2a + d)^2$
$a = 2d$ donc, $d = \frac{a}{2}$

▸ **18** L'angle CED sera maximal quand le cercle circonscrit sera le plus petit possible, c'est-à-dire quand celui-ci sera tangent au cercle $\mathcal{C}$. Autrement dit, il faut que les points E et E' soient confondus.

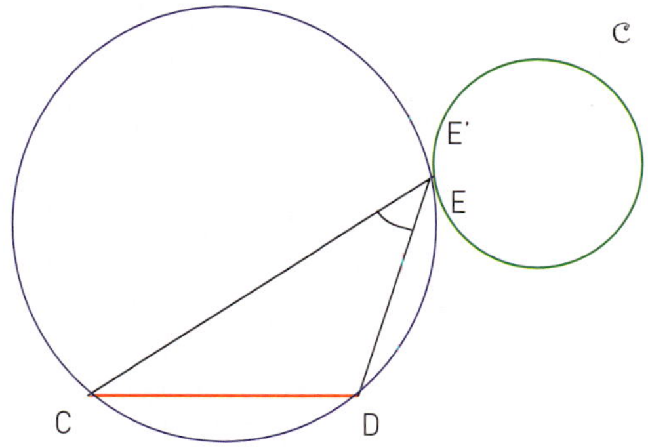

▸ **19** Pour le cercle intérieur, si la largeur $l = 4\pi r$, le nombre de tours pour une largeur est égal à :

$$\frac{(4\pi r - 2r) \times 2}{4\pi r}$$

C'est-à-dire, $2 - \frac{1}{\pi}$ tour sur une largeur.

De même sur une longueur,
1 longueur équivaut à L– 2r soit

$\frac{(L - 2r) \times 8\pi r}{L}$ soit

$\frac{(L - 2r) \times 4}{L}$ tours

Si $L = 8\pi r$, le nombre de tours est égal à :

$$\frac{[(8\pi r - 2r) \times 4]}{8\pi r}$$

C'est-à-dire $4 - \frac{1}{\pi}$ tour sur une longueur.

Après une révolution autour du rectangle, le cercle intérieur aura effectué :

$$2 \times (2 - \frac{1}{\pi}) + 2 \times (4 - \frac{1}{\pi}) = 12 - \frac{4}{\pi} \text{ tours}$$

6 Une case en moins

▸ **20** Pour obtenir une ligne avec une case noire à droite, il faut 10 transformations.
Au total, il faut (4 x 6) + (4 x 10) = 64 transformations, autant que de cases sur l'échiquier !

▸ **21** Si d = 0, a + b + c doit être égale à : 5, 14, 23
Il y a plusieurs possibilités pour faire 5.
(5, 0, 0) à multiplier par 3 (répartition cyclique des valeurs pour a, b et c : (0, 5, 0) et (0, 0, 5))
(4, 1, 0) à multiplier par 6
(3, 2, 0) à multiplier par 6
(3, 1, 1) à multiplier par 3
(2, 2, 1) à multiplier par 3

Il y a 21 possibilités pour faire 5.

Pour faire 14,
(9, 5, 0) à multiplier par 6
(9, 4, 1) à multiplier par 6
(9, 3, 2) à multiplier par 6
(8, 6, 0) à multiplier par 6
(8, 5, 1) à multiplier par 6
(8, 4, 2) à multiplier par 6
(8, 3, 3) à multiplier par 3
(7, 7, 0) à multiplier par 3
(7, 6, 1) à multiplier par 6
(7, 5, 2) à multiplier par 6
(7, 4, 3) à multiplier par 6
(6, 5, 3) à multiplier par 6
(6, 4, 4) à multiplier par 3
(5, 5, 4) à multiplier par 3

Il y a 72 possibilités pour faire 14

Pour faire 23,
(9, 9, 5) à multiplier par 3
(9, 8, 6) à multiplier par 6
(9, 7, 7) à multiplier par 3
(8, 8, 7) à multiplier par 3

Il y a 15 possibilités pour faire 23.

Au total, il y a 108 possibilités.

7 Vous ne les faites pas !

▸ **22** Si on s'intéresse aux sommes,
1 + 2 + 18 = 21
1 + 3 + 12 = 16
1 + 4 + 9 = 14
1 + 6 + 6= 13
2 + 2 + 9 = 13
2 + 3 + 6 = 11
3 + 3 + 4 = 10
Deux additions donnent le même résultat. Mais le 3e indice dit qu'il y a une aînée. Il y a donc une aînée âgée de 9 ans et des jumelles âgées de 2 ans.

▸ **23** $\frac{(x-3)}{1\,000\,000} = x - (\frac{3 + 285\,714}{1\,000\,000})$

x-3 = 1 000 000x - 3 285 714

SOLUTIONS

999 999x = 3 285 711

$x = \frac{3\,285\,711}{999\,999}$

$x = \frac{365\,079}{111\,111}$

$x = \frac{333\,189}{10\,101}$

$x = \frac{11\,063}{3\,367}$

$x = \frac{1\,702}{518}$

$x = \frac{851}{259}$

L'arrière-arrière grand-mère est née en 1702. Childebert Ier a régné en 518.

▸ **24** $1 + 2 + 3 + 4 + 5 + 6 + ... + n = \frac{n(n+1)}{2}$

Donc $\frac{n(n+1)}{2} = 231$

On trouve n = 21

J'ai 21 ans.

▸ **25** Parmi 3 personnes, la probabilité pour que 2 personnes soient nées le même jour est égale à

$P = 1 - (\frac{364}{365}) \times (\frac{363}{365})$

P = 1 - (probabilité que la 2e personne soit née un jour différent de la 1ère) x (probabilité que la 3e personne soit née un jour différent de la 1ère et de la 2e personne).

Et ainsi de suite jusqu'à 23 personnes.

$P = 1 - (\frac{364}{365}) \times (\frac{363}{365}) \times .... \times (\frac{342}{365}) = 0{,}5$

Il y a une chance sur deux que 2 personnes soient nées le même jour parmi 23 personnes.

8 Nombres et lumières

▸ **26** 1) Les diviseurs de 220 sont 1, 2, 4, 5, 10, 11, 20, 22, 44, 55, 110.
Lorsqu'on additionne ces nombres, on trouve : 284.
Les diviseurs de 284 sont 1, 2, 4, 71 et 142.
Lorsqu'on additionne ces nombres, on trouve : 220.

2) Les diviseurs de 1 210 sont 1, 2, 5, 10, 11, 22, 55, 110, 121, 242, 605.
La somme de ces diviseurs fait 1 184. On pourrait vérifier que la somme des diviseurs de 1 184 fait 1 210. Donc le nombre amiable de 1 210 est 1 184.

▸ **27** n + (n-1) + (n- 2) + ... + 3 + 2 + 1

+

1 + 2 + 3 + ... + (n-2) + (n-1) + n

=

(n + 1) + (n + 1) + (n + 1) + ... + (n + 1) + (n + 1) + (n + 1), et ceci n fois.

Donc (1 + 2 + 3 + 4 + 5 + 6 + ... + n)
+ (1 + 2 + 3 + 4 + 5 + 6 + ...+ n) = n x (n + 1)

$1 + 2 + 3 + 4 + 5 + 6 + ...+ n = \frac{n \times (n + 1)}{2}$

▸ **28** Si ce nombre est premier, il ne reste plus que 2 003, 6 007, 8 009.
En leur ajoutant 1, le seul ayant exactement 10 diviseurs est 2 004. Ses diviseurs sont 2, 3, 4, 6, 12, 167, 334, 501, 668, 1 002
Le nombre écrit par le professeur de mathématiques au tableau est 2 003.

9 Nos amies les bêtes

▸ **29** On remarque que le nombre de possibilités augmente comme la suite de Fibonacci (voir encadré). Ainsi,

Nombre de nénuphars	2	3	4	5	6	7	8	9	10
Nombre de possibilités	1	2	3	5	8	13	21	34	55

la grenouille a donc 55 façons de traverser l'étang sur les 10 nénuphars.

▸ **30** Il y a donc 5 couples au mois de mars.
On remarque que cette progression correspond à la suite de Fibonacci (voir encadré). Ainsi,

Janvier	Février	Mars	Avril	Mai	Juin	Juillet	Août	Sept.	Oct.	Nov.	Déc.
2	3	5	8	13	21	34	55	89	144	233	377

le couple de départ aura engendré 376 couples de lapins en décembre.

10 L'art de l'enfance

- **31** Des trois derniers indices, on trouve
B = 10, C = 6, D = 8
Le premier indice permet de trouver A = 36.

À eux quatre, ils ont 60 billes.

- **32** Le chemin emprunté par le petit Poucet en partant de sa maison est 60 (nombre divisible par 3), 49 nombre divisible par 7, 31 (nombre premier). La suite du chemin passe par 18 (nombre divisible par 3), 7 (nombre divisible par 7) et 2 (nombre premier)
Donc 60 + 49 + 31 + 18 + 7 + 2 = 167
Le petit Poucet a semé 167 cailloux.

11 Figures magiques

- **33**

3	13	11
17	9	1
7	5	15

- **34**

1	11	8	2
5			10
12			7
4	6	9	3

1	10	9	2
5			11
12			6
4	7	8	3

1	12	7	2
6			9
11			8
4	5	10	3

1	10	9	2
6			12
11			5
4	7	8	3

1	11	8	2
7			12
10			5
4	6	9	3

1	12	7	2
8			11
9			6
4	5	10	3

- **35**

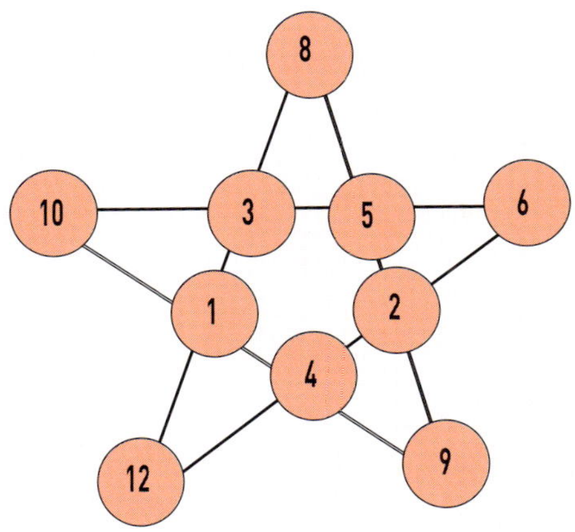

- **36**

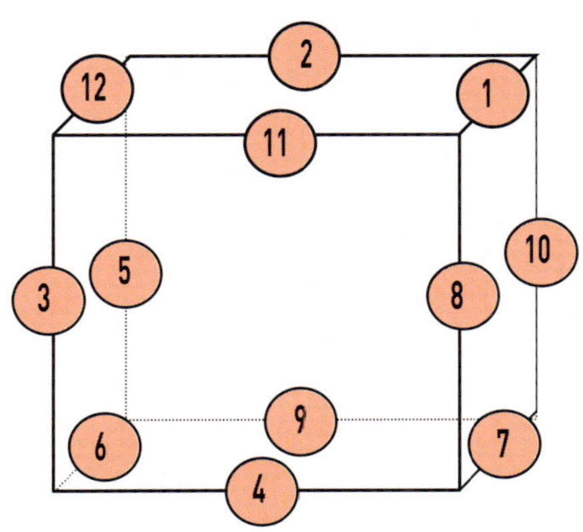

SOLUTIONS

12 Un sacré théorème

▸ **37** Si c'est un triangle rectangle, appliquons le théorème de Pythagore :

$x^2 + (x - 1)^2 = (x + 1)^2$

$x^2 + x^2 - 2x + 1 = x^2 + 2x + 1$

$x^2 = 4x$

Donc $x = 4$

Les 2 autres côtés ont pour longueur 3 et 5.

▸ **38** Appliquons le raisonnement du jeu 37 :

$(2x)^2 + (2x - 2)^2 = (2x + 2)^2$

$4x^2 + 4x^2 - 8x + 4 = 4x^2 + 8x + 4$

$4x^2 = 16x$

$x^2 = 4x$

Donc $x = 4$

Les 3 côtés ont pour longueur 6, 8 et 10.

Effectivement $6^2 + 8^2 = 10^2$

▸ **39** Appliquons le raisonnement du jeu 37 :

$(2x - 1)^2 + (2x - 3)^2 = (2x + 1)^2$

$4x^2 - 4x + 1 + 4x^2 - 12x + 9 = 4x^2 + 4x + 1$

$4x^2 - 20x + 9 = 0$

Cette équation n'a pas de solution entière.

13 Excès de vitesse

▸ **40** Marcher à 1m/s lorsque le tapis roulant fonctionne dans le sens normal, et marcher à 2 m/s lorsque le tapis va en sens inverse. À ce rythme, le voyageur parcourt les 70 mètres en 45 secondes.

	5 Secondes	5 Secondes	5 Secondes	5 Secondes	5 Secondes	5 Secondes	5 Secondes	5 Secondes	5 Secondes
Marcheur	1m/s	2m/s	1m/s	2m/s	1m/s	2m/s	1m/s	2m/s	1m/s
Tapis	1m/s	-1m/s	1m/s	-1m/s	1m/s	-1m/s	1m/s	-1m/s	1m/s
Marcheur + Tapis	2m/s	1m/s	2m/s	1m/s	2m/s	1m/s	2m/s	1m/s	2m/s
Distance parcourue	10 m	5m	10 m	5m	10 m	5m	10 m	5m	10 m

▸ **41** Cheval n° 1

$t_1 = d\,(\frac{1}{13} + \frac{1}{9} + \frac{1}{5}) \approx 0{,}39\,d$

Cheval n° 2

$t_2 = d\,(\frac{1}{11} + \frac{1}{9} + \frac{1}{7}) \approx 0{,}34\,d$

Donc $t_1 > t_2$. Pour minimiser le temps, il faut choisir le cheval n° 2.

▸ **42** Avec l'indice, 3 minutes se sont déjà écoulées.
P_4 et P_8 partent ensemble, P_2 retraverse seul (= 10 minutes).
P_1 et P_2 repartent à nouveau ensemble (= 2 minutes).
Total : 15 minutes. C'est le temps minimal de traversée.

▸ **43** Trajectoire jaune :

Sur la plage : $t = \frac{\sqrt{52}}{2v}$

Dans l'eau : $t = \frac{4}{v}$

Total $t = (\frac{1}{v})\,(\frac{\sqrt{52}}{2} + 4)$

Trajectoire marron :

Sur la plage : $t = \frac{\sqrt{41}}{2v}$

Dans l'eau : $t = \frac{\sqrt{17}}{v}$

Total $t = (\frac{1}{v})\,(\frac{\sqrt{41}}{2} + \sqrt{17})$

Trajectoire verte :

Sur la plage : $t = \frac{\sqrt{25}}{2v}$

Dans l'eau : $t = \frac{\sqrt{25}}{v}$

Total $t = (\frac{1}{v})\,(\frac{\sqrt{25}}{2v} + \sqrt{25})$

Trajectoire bleue :

Sur la plage : $t = \frac{\sqrt{17}}{2v}$

Dans l'eau : $t = \frac{\sqrt{41}}{v}$

Total $t = (\frac{1}{v})\,(\frac{\sqrt{17}}{2} + \sqrt{41})$

Le temps le plus court correspond au trajet marron.

14 Échecs

▸ **44** Un domino recouvre une case noire et une case blanche. L'échiquier tronqué possède donc 30 cases blanches et 32 cases noires.
Il restera à la fin du pavage 2 cases noires qu'un domino est incapable de recouvrir.

▸ **45**

1	4	7	10
8	11	2	5
3	6	9	12

1	14	9	20	3
24	19	2	15	10
13	8	25	4	21
18	23	6	11	16
7	12	17	22	5

15 Pour donner du volume

▸ **46** a) Combien de sphères de même diamètre peut-on répartir sur la circonférence d'une sphère ? Six comme le montre le schéma ci-dessous.

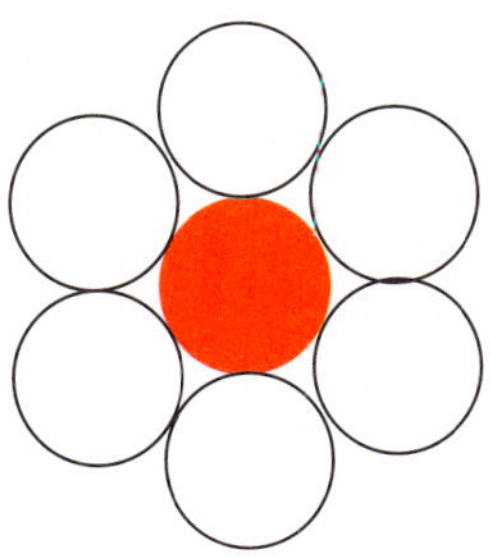

b) Combien de sphères de même diamètre peut-on répartir au-dessus et en dessous de l'ensemble précédent ? Six (3 dessus, 3 dessous).

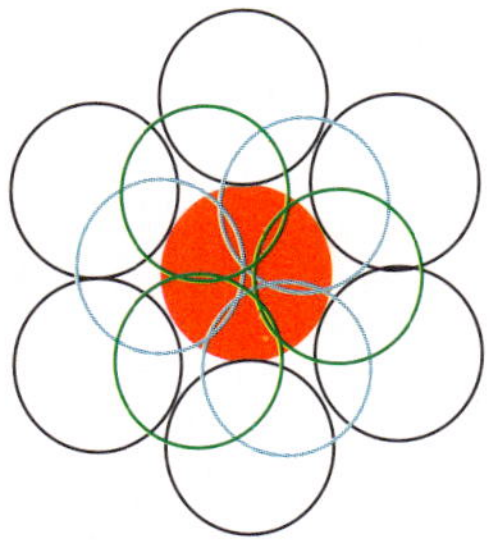

Donc, 12 sphères de même diamètre peuvent entourer une sphère donnée. L'ensemble ayant une largeur 3 fois plus grande que le diamètre de la sphère d'origine.
On peut donc faire entrer 13 sphères identiques dans une sphère dont le diamètre est 3 fois supérieur.

▸ **47** Il faut que la surface du liquide passe par les points A et B.

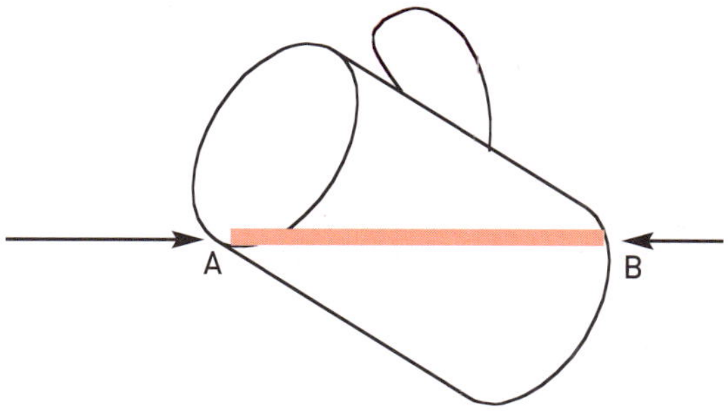

▸ **48**

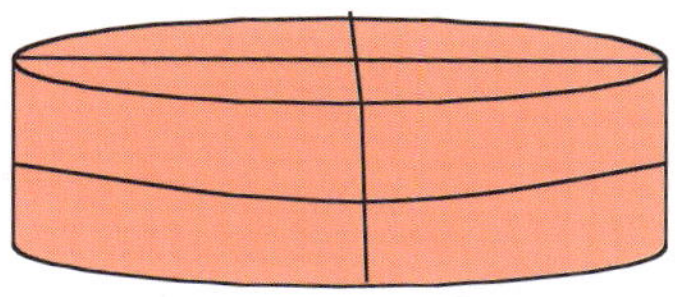

▸ **49**

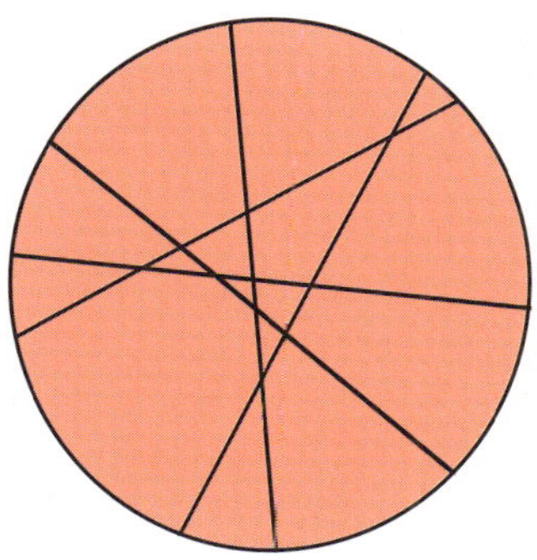

16 Et pour dessert : un point perdu !

▸ **50** On veut connaître la hauteur h_2 d'un barreau de l'échelle noire à n'importe quel endroit du couloir,

$$h_2 = \left(\frac{4}{3}\right)x$$

On vérifie effectivement que pour x = 3,
on a $h_2 = H_2 = 4$ mètres
On cherche donc $h_1 = h_2$, c'est-à-dire

$$\sqrt{27} - \left(\frac{\sqrt{27}}{3}\right)x = \left(\frac{4}{3}\right)x \text{ ; donc } x = \frac{3\sqrt{27}}{\sqrt{27} + 4}$$

$x \approx 1{,}30$, ce qui fait une hauteur de croisement à 2, 26 mètres.

SOLUTIONS

▸ **51** Comment montrer que la somme des longueurs des trois segments est égale à la longueur d'une des hauteurs du triangle ?

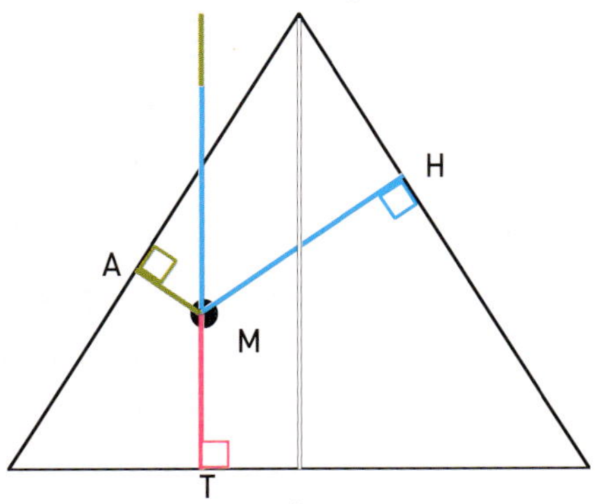

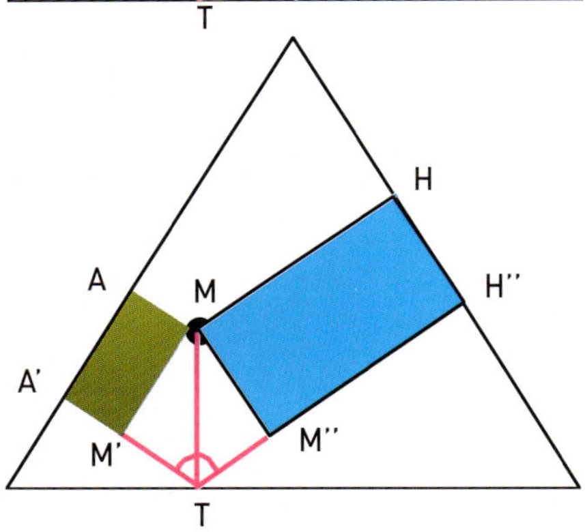

On a : M'T = M''T car les triangles partagent un coté commun et sont semblables, c'est-à-dire que leurs angles sont égaux.

De plus M'T = $\frac{1}{2}$ x MT, car MM'T est la moitié d'un triangle équilatéral.

Ainsi, A'T + TH'' =
(A'M' + M'T) + (TM'' + M''H'') =
A'M' + (M'T + TM'') + M''H'' =
AM + MT + MH

Étudions la somme A'T + TH'' dans le cas simple où MT est nulle :

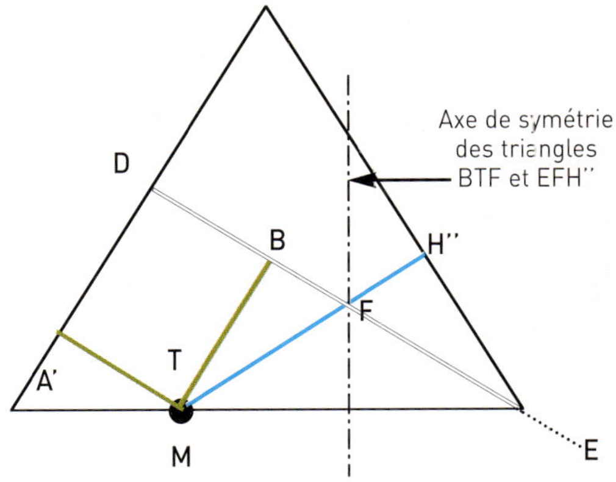

On démontre que A'T + TH'' est égale à la hauteur du grand triangle dessinée en gris sur le dessin : les triangles BTF et EFH'' sont identiques. Donc,
TF + FH'' = BF + FE
Donc A'T + TH'' = DB + BF + FE = DE
Et donc,
AM + MT + MH = DE

La somme des longueurs des trois segments [MH], [AM] et [MT] est égale à la longueur d'une des hauteurs du triangle.

17 Et les nombres

▸ **52** 7^n et 5^n sont des nombres impairs pour toute valeur de n. La différence de deux nombres impairs est un nombre pair, donc divisible par 2.

n	0	1	2	3	4	5	6	7	8	9
$3n^2 + 8n$	0	11	28	51	80	115	156	203	256	324

Divisible par 10

$n^2 + (n + 1)^2 + (n + 3)^2$ est divisible par 10 lorsque n est égal à 0 ;
ou lorsque n est égal à un multiple de 10 ;
ou encore lorsque n est égal à 4 + 10k (où k est un entier), c'est-à-dire 4, 14, 24, 34...

▸ **53** 2 003 – 189 = 1 814
Combien de nombres à 3 chiffres faut-il prendre en compte ?

1 814 = 604 x 3 + 2
En prenant 604 nombres à 3 chiffres, on obtient, en partant de 100 le nombre 703.

Il faut encore 2 chiffres pour arriver jusqu'à 2 003 : c'est donc le 2ᵉ chiffre du nombre à 3 chiffres suivant : 704. Le chiffre attendu est 0.

▸ **54** 1) Il y a plusieurs solutions :

x = 0 y = 0	x = 6 y = 4	x = 5 y = 5	x = 1 y = -1

x = -3 y = 1	x = 2 y = -4	x = 4 y = 8	x = 9 y = 3

2) On a l'équation suivante $(x - 5)(y - 5) = 25$
Il y a plusieurs solutions :

x = -20 y = 4	x = 4 y = -20	x = 6 y = 30	x = 10 y = 10	x = 30 y = 6

3) Pour x = 0, il n'y a pas de valeur de y qui convient. Pour y = 0, il n'y a pas de valeur de x qui convient. Pour tout x et y différents de 0, $x^2 + 5y^2 \geq 6$. Il n'y a donc pas de solution.

▸ **55** 123 en base 5 donne 38 ;
123 en base 6 donne 51 ;
123 en base 7 donne 66 ;
123 en base 8 donne 83 ;
123 en base 9 donne 102.
Sont à retenir les décompositions sur les bases 6 et 8, car 51 et 83 sont des nombres premiers.
En binaire, 51 s'écrit 110 011 et 83 s'écrit 1 010 011.
51 est un palindrome en binaire. C'est le nombre recherché.

18 Gardez la monnaie

▸ **56**

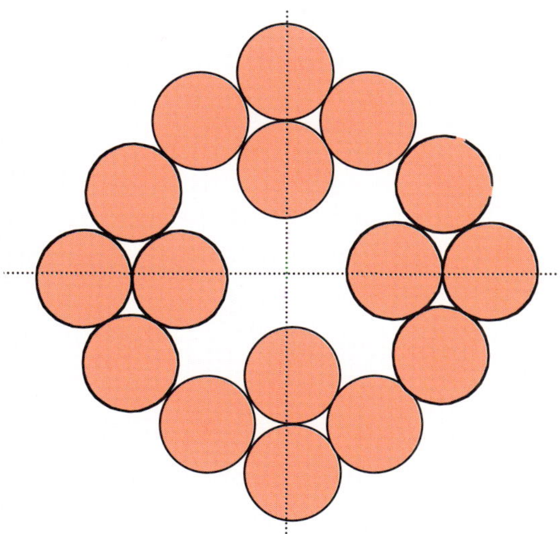

▸ **57** 1ᵉʳ retournement : 1, 2, 3, 4, 5 ;
2ᵉ retournement : 2, 3, 4, 5, 6 ;
3ᵉ retournement : 2, 3, 4, 5, 7 ;
2, 3, 4, 5, subissent 3 retournements.
1, 6, 7 ne sont retournées qu'une seule fois.

▸ **58** En moyenne, sur un nombre infini de parties, les 6 numéros du dé sont tombés le même nombre de fois.
Donc sur 6 parties, vous gagnez 4,5 euros (pour la sortie du 6 gagnant) mais vous perdez 9 euros (pour avoir misé 6 fois 1,5 euro). Vous perdez donc, 4,5 euros, en jouant très longtemps.

▸ **59** L'erreur vient de la formulation du problème. Les 10 centimes que la serveuse leur rend ne doivent pas être soustraits de la somme qu'ils ont payée chacun.
On doit plutôt considérer qu'ils ont payé à eux 3,

2,5 + 3 x 0,1 + 0,2 = 3 euros

↑ 2,5 : Somme due
↑ 3 x 0,1 : Argent donné en plus puis rendu
↑ 0,2 : Pourboire

19 Agrégation de figures... internes

▸ **60**
Le 5ᵉ solide platonicien est le tétraèdre.

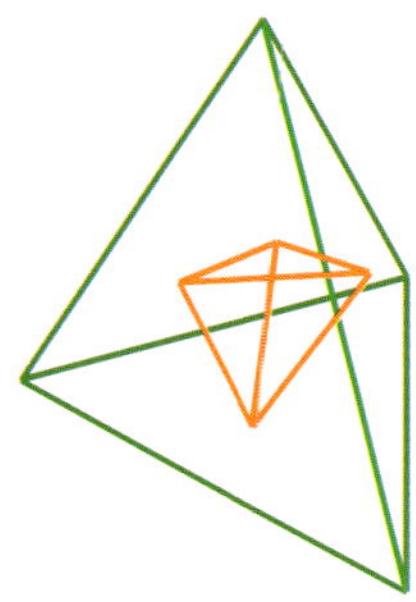

▸ **61** Surface bleue : πa^2
Surface rouge : $\pi(a\sqrt{2})^2 - \pi a^2 = \pi a^2$

Donc surface rouge = surface bleue.

20 À la croisée des chemins

▸ **62**

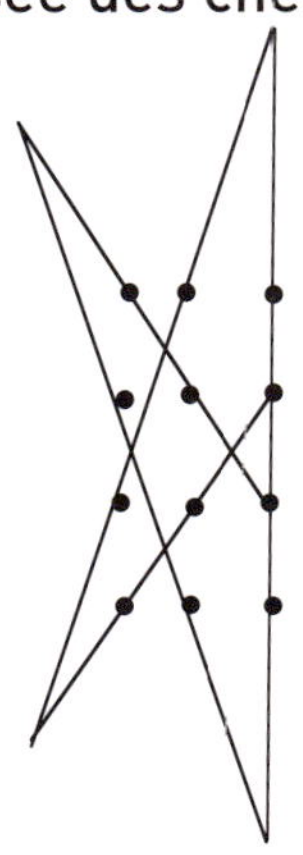

SOLUTIONS

▸ **63** Il faudrait placer les arbres au sommet d'une colline qui aurait la forme d'un tétraèdre régulier.

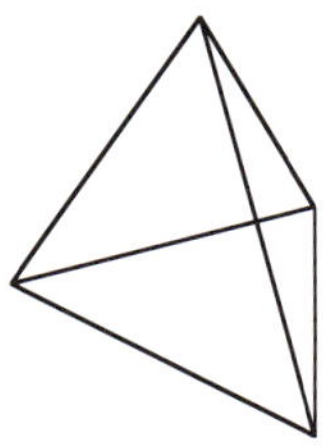

▸ **64**

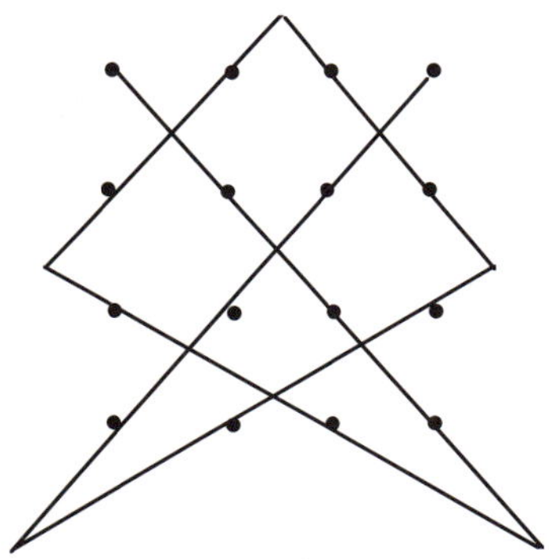

▸ **65** Il est impossible de trouver un chemin en ne passant qu'une seule fois et une seule sur chaque pont. On doit ce problème au génial mathématicien Leonhard Euler.

21 Carrés en quadrille

▸ **66**

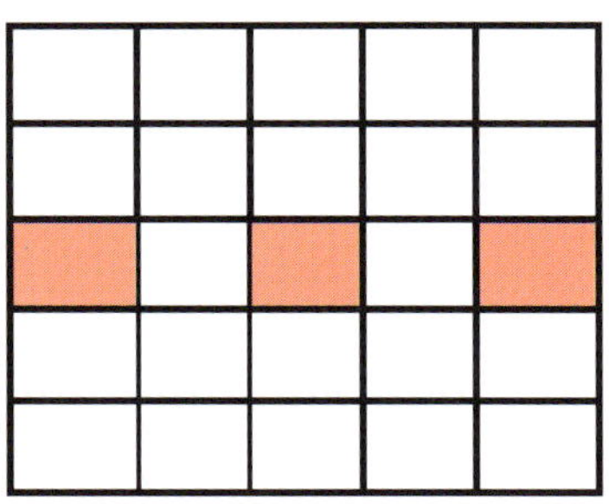

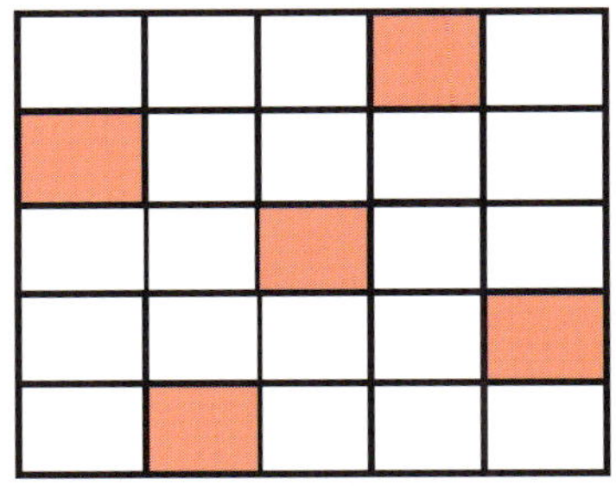

▸ **67** En voici 3 autres :

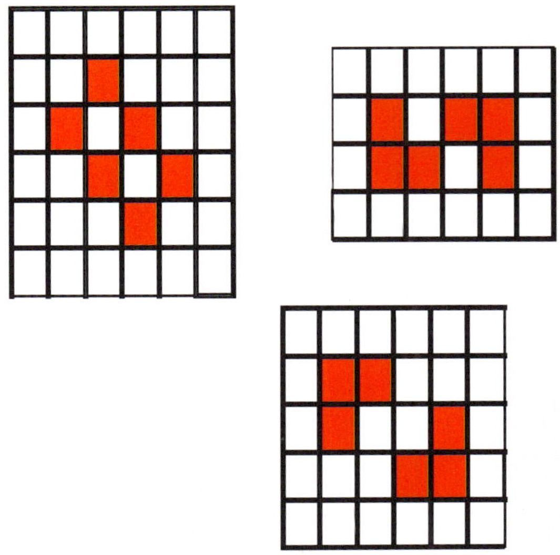

22 Logique... logique

▸ **68** 1 000 chandelles permettent d'en refaire 100 qui, brûlées, peuvent en refaire 10, qui peuvent en refaire 1.

Réponse : 111 chandelles.

▸ **69** Il y a 2 fois le chiffre 1 dans cette énigme.
Il y a 3 fois le chiffre 2 dans cette énigme.
Il y a 2 fois le chiffre 3 dans cette énigme.
Il y a 1 fois le chiffre 4 dans cette énigme.

▸ **70** Seule la phrase 7 est vraie.

▸ **71** 22 (deux fois le chiffre 2, ce que l'on écrit 22)

23 Le temps qui passe

▸ **72** Lors de cette deuxième course, elle va rattraper son camarade à la marque 95 mètres (elle aura parcouru 100 mètres). Il lui reste 5 mètres pour le dépasser, ce qu'elle va faire puisqu'elle court plus vite que lui.

▸ **73** Après les avoir tournés en même temps, attendez que celui de 3 minutes s'écoule totalement, puis retournez-le rapidement. Quand celui de 4 minutes arrive jusqu'au bout, interrompez celui de 3 minutes en le retournant à nouveau. Une seule minute s'étant écoulée sur ce dernier, en le retournant, il va à nouveau s'écouler une minute jusqu'à la fin.

Total : 5 minutes.

▸ **74** À eux deux, ils mettront $t = \dfrac{S}{\left(\dfrac{S}{t_4} + \dfrac{S}{t_2}\right)}$

C'est-à-dire $t = \dfrac{1}{\left(\dfrac{1}{4} + \dfrac{1}{2}\right)}$

$t = \dfrac{4}{3}$

Ils mettront 1 heure et 20 minutes pour peindre le mur.

▸ **75** 1) 28 x19 x 15 = 7 980. La période julienne correspond à 7 980 années (juliennes).

2) 7 980 x 365,25 = 2 914 695.

Il y a 2 914 695 jours (juliens) en 7 980 années.

3) $\dfrac{1461}{365{,}25} = 4.$

Quatre années se sont écoulées depuis le 1er janvier 2000 à midi. Le jour julien 2 453 006 correspond au 1er janvier 2004.

24 Énigmes brûlantes

▸ **76**

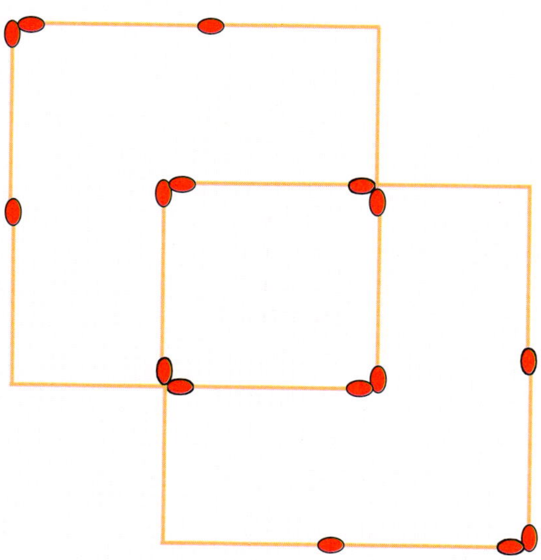

▸ **77** 4 est bien un carré !

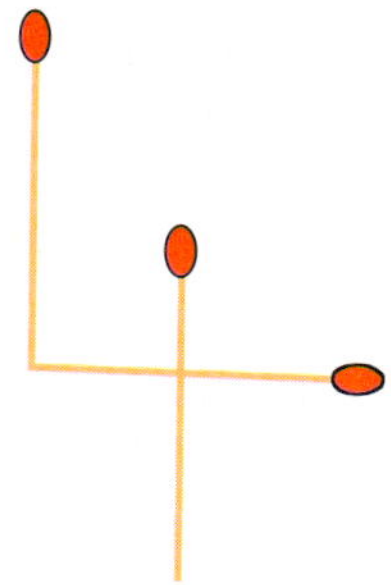

▸ **78**

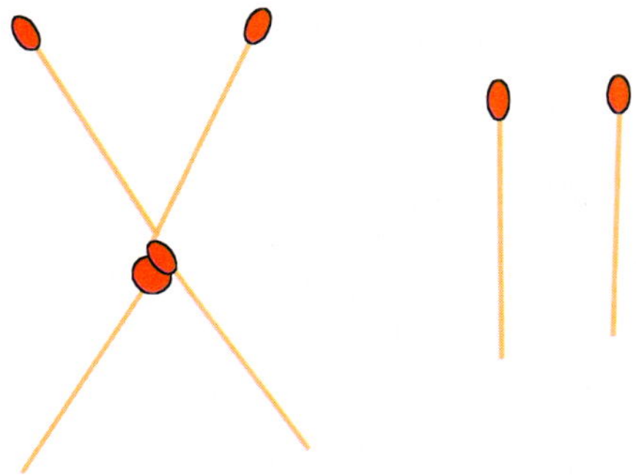

▸ **79**

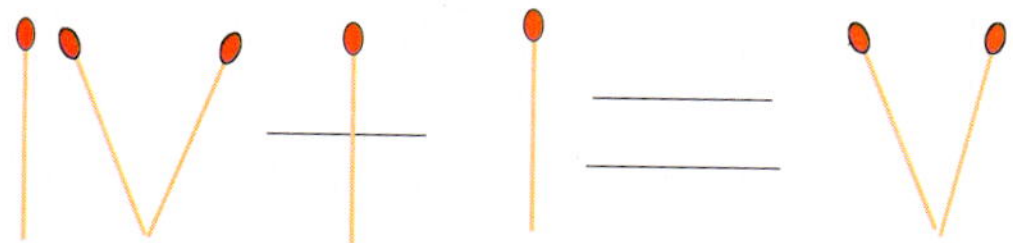

25 Droit au but !

▸ **80**

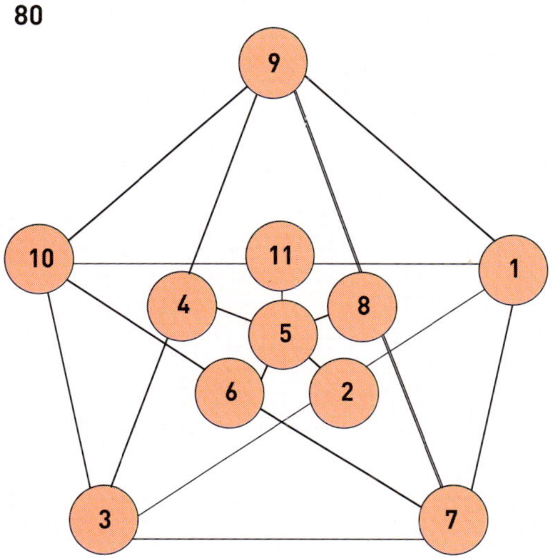

SOLUTIONS

▸ **81**

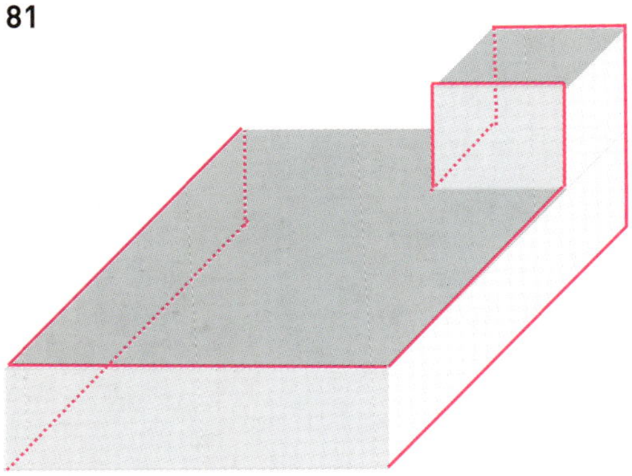

▸ **82** 1) 5 chemins possibles

A - B - C - D - E
A - C - D - E
A - B - C - E
A - B - D - E
A - C – E

2) 13 chemins possibles

A - B - C - D - E - F - G
A - B - C - D - E - G
A - C - D - E - F - G
A - B - C - E - F - G
A - B - D - F - G
A - B - D - E - G
A - C - D - F - G
A - C - D - E - G
A - B - D - E - G
A - B - C - E - G
A - C - D - E - G
A - C - E - F - G
A - C - E - G

▸ **83** Dans un polygone à 20 côtés, un point est à l'origine de 19 segments dont 17 diagonales.

S'il y a 20 points, 20 x 17 = 340. Mais les diagonales ont été comptées deux fois.

Il y a donc 170 diagonales dans un polygone à 20 côtés.

26 Tout miser sur la physique

▸ **84** Traçons G_4, le milieu de G_1 et G_3.

Ainsi G_4 est le centre de gravité de la figure disjointe constituée des deux triangles isocèles rectangles.

Comme chaque triangle représente la moitié du carré, les deux triangles et le carré pèsent le même poids. Le centre de gravité G de l'ensemble sera le milieu de G_4 et G_2.

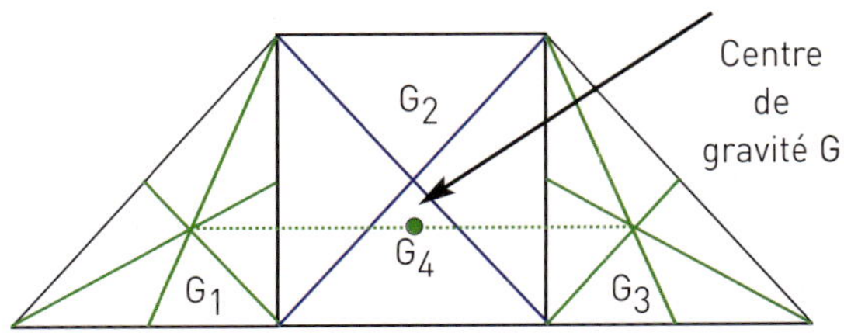

▸ **85** Le théorème de l'énergie cinétique en physique montre que, dans ce genre de situation, le glaçon remonte aussi haut que son point de départ, c'est-à-dire jusqu'au point C.

Évidemment, le résultat serait différent avec des frottements.

27 Pour donner du volume

▸ **86** On remplit à nouveau celui de 3 litres à ras bord. On le verse à nouveau dans le récipient de 5 litres dans lequel il y a déjà 3 litres. Ce dernier ne peut recevoir que 2 litres.

Il reste donc 1 litre dans le récipient de 3 litres.

▸ **87** Pour connaître le volume occupé par l'air, il faut retourner la bouteille et mesurer la hauteur qui n'est pas occupée par le liquide.

▸ **88** Le rayon des 3 boules doit être égal.

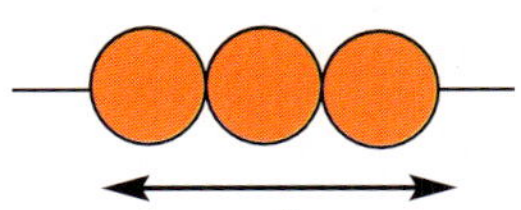

▸ **89** (1) V = (Dg + Dm) x 144
(2) V = (Dg + Dp) x 180
(3) V = (Dm + Dp) x 240

Des relations (1), (2) et (3), on a :

$$2 \times (Dg + Dm + Dp) = V \times \left(\frac{1}{144} + \frac{1}{180} + \frac{1}{240}\right)$$

Donc $\frac{2}{t} = \left(\frac{1}{144} + \frac{1}{180} + \frac{1}{240}\right)$

$$t = \frac{2}{\left(\frac{1}{144} + \frac{1}{180} + \frac{1}{240}\right)}$$

t = 120 minutes = 2 heures

28 On ne fait pas le poids

▸ **90** Après avoir déposé 3 pièces sur chaque plateau, deux possibilités :

• Il y a équilibre : la fausse pièce se trouve dans les trois dernières pièces.
Mettre deux des dernières pièces sur chacun des plateaux et identifier ainsi la pièce fausse.

• Il n'y a pas équilibre : la fausse pièce se trouve sur l'un des plateaux. L'identification lors d'une prochaine pesée est aisée.

▸ **91** B_1, B_2, B_3 et B_4 d'un côté, B_5, B_6, B_7 et B_8 de l'autre.

• S'il y a équilibre, on teste B_9, B_{10}, B_{11} et B_{12}. On revient au cas avec 4 boules.

• S'il n'y a pas équilibre , comme le montre la figure,

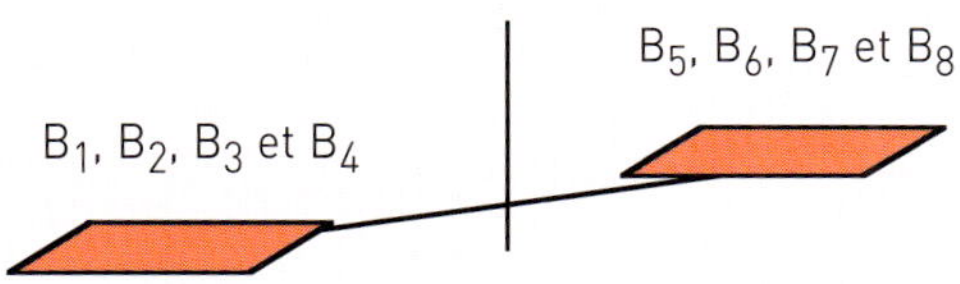

on met B_1, B_2 et B_{12} (B_{12} de poids normal) d'un côté et B_3, B_4 et B_5.

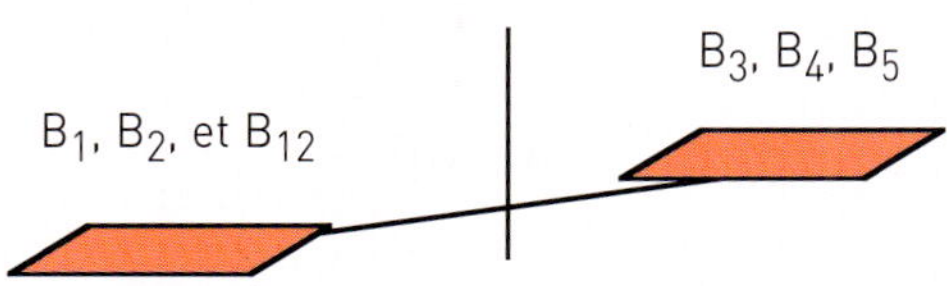

• S'il y a équilibre, on teste B_6 et B_7.
• S'il n'y a pas équilibre,
Alors, on teste B_1 et B_2

▸ **92** x = 4
Une brique pèse 4 kilogrammes.

▸ **93** On se sert de la formule du volume d'une sphère.

$V = \frac{4}{3} \pi r^3$

Si le volume est 27 fois plus important, c'est que la sphère S_1 a un rayon 3 fois plus grand que celui de la sphère S_2.
Le poids dépend de la surface de la sphère qui est égal à $S = 4\pi r^2$.
La surface de la sphère S_1 est donc $3^2 = 9$ fois plus importante que la surface de la sphère S_2.
S_1 est donc 9 fois plus lourde que la sphère S_2.

29 Cartes à jouer

▸ **94**

▸ **95** Nombre de mains possibles

$$= \left(\frac{1}{13\,!}\right) \times (52 \times 51 \times 50 \times \ldots \times 40)$$

▸ **96** 2 et 3 placées à la fin

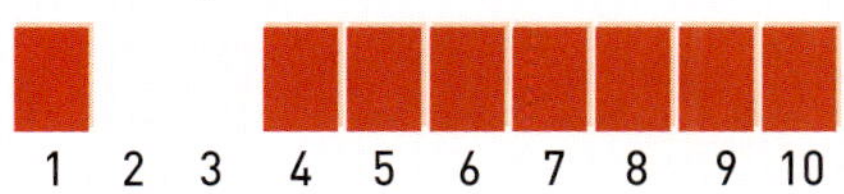

5 et 6 transférées à la place des cartes 2 et 3

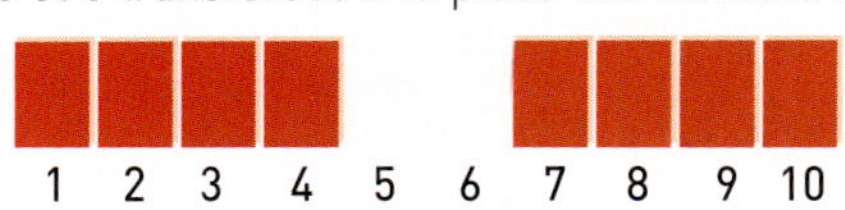

8 et 9 à la place de 5 et 6

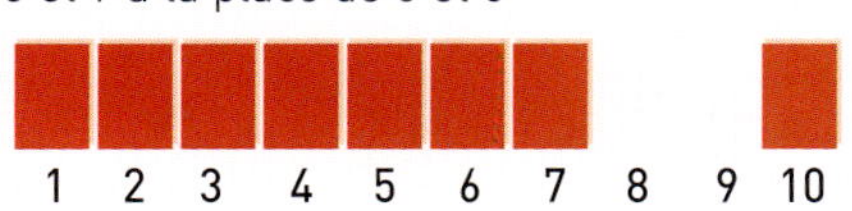

1 et 2 à la place de 8 et 9

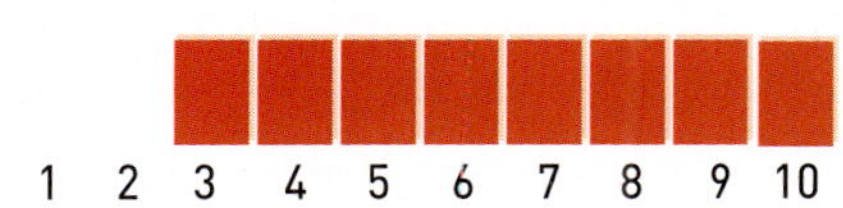

4 manipulations

SOLUTIONS

▸ **97** Une carte sur deux :

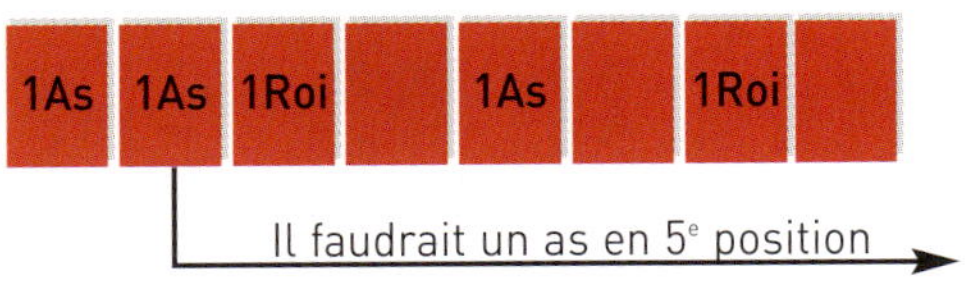

Finalement, l'ordre des cartes au départ est le suivant :

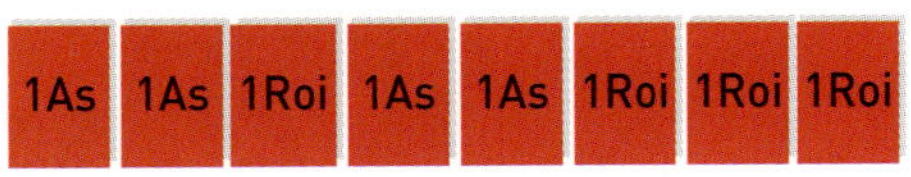

30 Des opérations sur le billard

▸ **98**

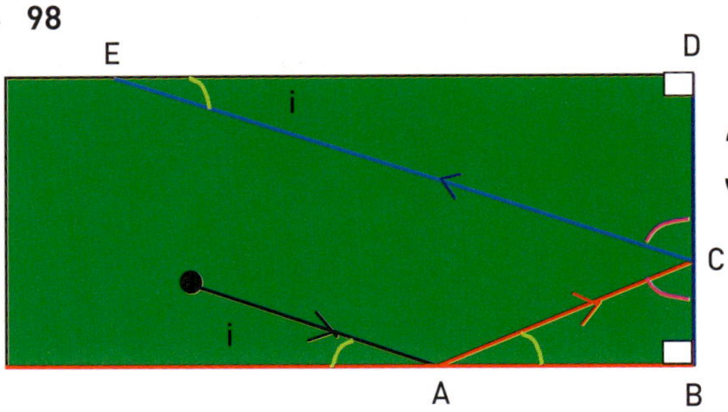

Dans un triangle, la somme des angles est égale à 180°, donc

BAC + ABC + ACB = 180
ECD + CDE + CED = 180

Or ACB = ECD et ABC = CDE = 90
Donc, CED = BAC = i

Les droites noire et bleue sont parallèles.

▸ **99**

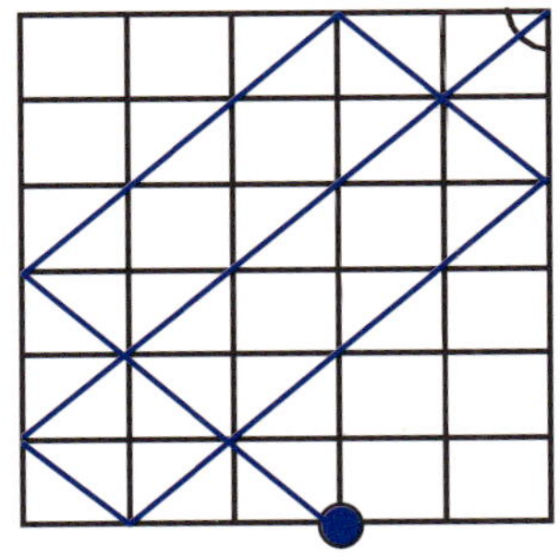

▸ **100**

On a $b = b'' \times \dfrac{a}{a''}$

Et donc $b + b'' = b''\left(1 + \dfrac{a}{a''}\right) = d$ (1)

De plus $a' = a'' \times \dfrac{b}{b''}$

Et donc $a' + a'' = a''\left(1 + \dfrac{b}{b''}\right) = a$

Et $\dfrac{a}{a''} = 1 + \dfrac{b}{b''}$ (2)

Grâce aux relations (1) et (2),

$b + b'' = b''\left(1 + 1 + \dfrac{b}{b''}\right) = d$

C'est-à-dire, $b'' = \dfrac{(d-b')}{2}$

▸ **101** Avec n bandes, il faut que la boule E frappe à la distance $\dfrac{d}{4n}$

31 C'est la belle nuit de Noël

▸ **102** X = 60 et Y = 120

Il y a 60 maisons dans le village A et 120 maisons dans le village B.

▸ **103**

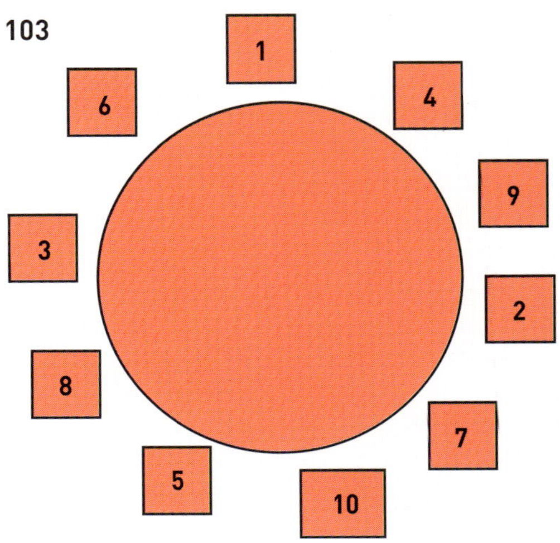

▸ **104** Le père Noël doit jongler avec les boules de pétanque. Une boule sera toujours en l'air et l'ensemble de son attelage pèsera 499,8 kg. Ouf !

▸ **105** La formule A devient plus intéressante que la formule B à partir de 20 sapins.
Mais est-il vraiment nécessaire qu'une entreprise de 15 personnes achète 20 sapins ?
Il serait raisonnable qu'elle choisisse la formule B.

32 Opérations

▸ **106**

1) $\frac{(6!)}{(6 + 6 - 6)} = 120$

2) $\frac{(7!)}{(7 \times 7 - 7)} = 120$

▸ **107** 1) $(3 + 3 \times 3!) \times 3 = 63$

2) $(9 - (\frac{(9 + 9)}{9}) \times 9 = 63$

▸ **108**

1) $(9 - \frac{9}{9}) \times (9 - \frac{9}{9}) = 64$

2) $5 - (\frac{5}{5})^{(5 - \frac{(5+5)}{5})} = 64$

▸ **109**

1) $3^{(\frac{(3+3)}{3})} - ((3 + 3) + (\frac{3}{3}) = 2$

2) $5^{(\frac{5}{5})} - (\frac{(5 + 5 + 5)}{5}) = 2$

33 Les bêtes nous embêtent

▸ **110** En 3 jours et demi, 14 hommes attrapent 4 fois plus de poissons que 3 hommes et demi, c'est-à-dire 14 poissons.
Une semaine est deux fois plus longue que 3 jours et demi.
Ils attraperont 28 poissons.

▸ **111** x = 8 et y = 4.
Le premier berger a 4 chèvres et le deuxième 8 chèvres.

▸ **112** On emprunte un chameau au troupeau du voisin.
Ainsi, 18 est divisible par 2, 3, 9.

$\frac{18}{2} = 9 \quad \frac{18}{3} = 6 \quad \frac{18}{9} = 2$

On rend le chameau à la fin du partage .

▸ **113** y = 10, x = 8
Il y a 8 poules et 10 cochons.

34 Ne perdons pas la face

▸ **114** Le cube impossible à réaliser à partir du patron est le cube n° 3.

▸ **115** La somme est égale à 15.

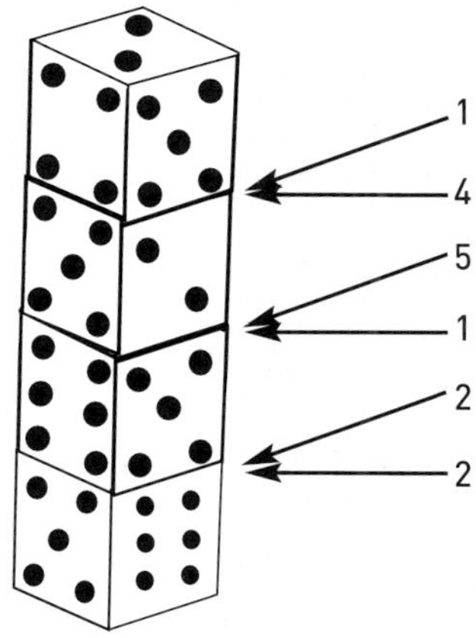

35 Le retour des nombres

▸ **116** Un nombre dont le chiffre des unités est 6 et élevé à une puissance entière se terminera par 6.

▸ **117** Le produit des chiffres des unités des 2 nombres donne les 2 derniers chiffres du résultat.
814 x 816 = 664 224

▸ **118** La deuxième suite vérifiant la propriété intéressante est : $(-2)^2 + (-1)^2 + (0)^2 = 1^2 + 2^2$

▸ **119** $(x + y) + (x - y) + xy + \frac{x}{y}$ peut s'écrire aussi
$x = \frac{(y^2 + 2y + 1)}{y}$
Donc, $x = \frac{27y}{(y + 1)^2}$
$(y + 1)^2$ est un carré parfait n'ayant aucun diviseur commun avec y (car (y+1) n'a aucun diviseur commun avec y).
$(y + 1)^2$ doit diviser 27 (= 3^3). Il peut être égal à 1 ou 9. C'est-à-dire y = 2.
(y ne peut pas être égal à 0.)
La solution est x = 6 ; y = 2

SOLUTIONS

36 Sous presse

▸ **120** Si les pages 6 et 295 sont attachées ensemble, les pages 5 et 296 sont attachées ensemble. Donc, les pages 1 et 300 sont attachées ensemble.
Il y a 300 pages dans le livre.

▸ **121**

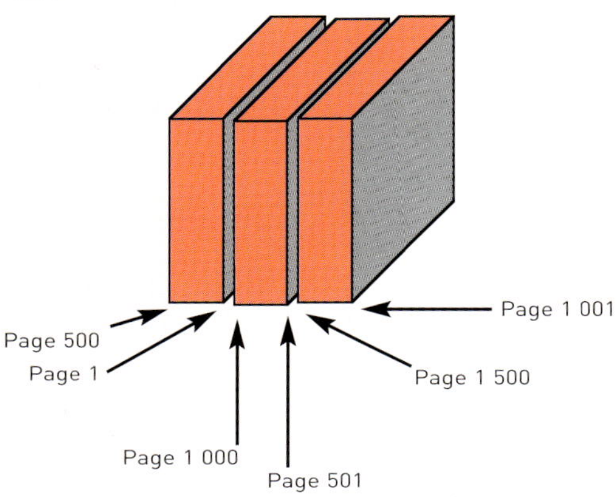

En mangeant les pages de la n° 1 à la n° 1 500, elle a mangé 502 pages (sans compter les couvertures).

▸ **122** La page paire d'un livre est toujours une page de gauche. Donc, la page 83 est une page de droite, la page 84 une page de gauche. Par conséquent, il est impossible de glisser quelque chose entre ces pages.

▸ **123** Soit x le nombre de livres.

Livres donnés à l'aînée : $\frac{x}{2} + \frac{1}{2}$

Livres donnés à la cadette : $\frac{x - \left(\frac{x}{2} + \frac{1}{2}\right)}{2} + \frac{1}{2}$

Livre donné à la benjamine : 1

On trouve x = 7. Le père a ramené 7 livres.
L'aînée a reçu 4 livres, la cadette 2 livres et la benjamine un livre.

37 Limitation de vitesse

▸ **124** 300 m = 0,3 km
On a $t = 6 \text{ minutes} = \frac{1}{10}$ et $\tau = 36 \text{ secondes} = \frac{1}{100}$

Donc, $v_1 - v_2 = 0{,}3 \times 10 = 3$
Et $v_1 + v_2 = 0{,}3 \times 100 = 30$
$v_1 = 16{,}5$km/h et $v_2 = 13{,}5$ km/h

▸ **125** Au 18ᵉ jour (18 journées + 18 nuits), elle aura avancé de 18 mètres. Il lui faudra encore une journée pour avancer de 3 mètres et sortir du puits.
Il lui faut donc 18 jours et demi.

▸ **126** Temps du parcours à l'aller (sur une distance d) : $t = \frac{d}{6}$

Temps du parcours au retour (sur une distance d) : $t = \frac{d}{4}$

Vitesse moyenne sur l'aller et retour (sur une distance 2d) :

$$v = \frac{2d}{\left(\frac{d}{6} + \frac{d}{4}\right)}$$

C'est-à-dire, $v = \frac{2}{\left(\frac{1}{6} + \frac{1}{4}\right)} = 4{,}8$.

La vitesse moyenne du chevalier d'Éon est de 4,8 lieues par heure.

▸ **127** D'après la 4ᵉ affirmation, F est dernier. Donc, B est 4ᵉ. On a l'ordre suivant : EDAB••F.
La 3ᵉ affirmation nous donne EDA BC •F.
G est arrivé 6ᵉ.

38 Étranges équations

▸ **128** 1)  +  +  = 3 ou 6 ou 9 ou 12 ou 15 ou 18 ou 21 ou 24 ou 27.
Parmi ces nombres, seuls 2 sont à retenir : 21 ou 12
Ainsi,  = 4 ou 7
Si  = 4,

  2  4
+ 4 2 4
+  2 4
2 2 4 2

On ne peut pas trouver de valeur pour

Si = 7,

```
   1 3 7
+  7 1 7
+  3 1 7
 -------
 1 1 7 1
```

2) + + = 11 ou 22 avec l'aide d'une retenue.
Si + + = 11, avec une retenue de 2, alors = 3

```
   3 1 3
+  3 3 1
+  3   1
 -------
 1 1
```

On ne peut pas trouver de valeur pour .

Si + + = 22, avec une retenue de 1, alors =7

```
   7 2 7
+  7 7 2
+  7 1 2
 -------
 2 2 1 1
```

▸ **129** Chaque nombre est obtenu en additionnant le nombre au-dessus de lui et celui en haut à gauche de lui.

1
1 1
1 2 1
1 3 3 1
1 4 6 4 1
1 5

La figure manquante est

▸ **130** Le problème vient de l'équation de départ. Elle n'a pas de solution dans l'ensemble des réels. Chaque déduction est donc erronée.

▸ **131** ((-1) (-1) (-1) (-1) (-1) (-1) (-1) (-1) (-1) (-1) (-1)) = -1

((-1) (-1) (-1) (-1) (-1) (-1)(-2) (-1) (-1) (-1) (-1) (-1)) = + 2

$$\left(\frac{-1}{(2)}\right)^{-1} = \left(-\frac{1}{2}\right)^{-1} = -2$$

La réponse est - 2.

39 Incroyable... mais vrai

▸ **132**

12	1	18
9	6	4
2	36	3

▸ **133**

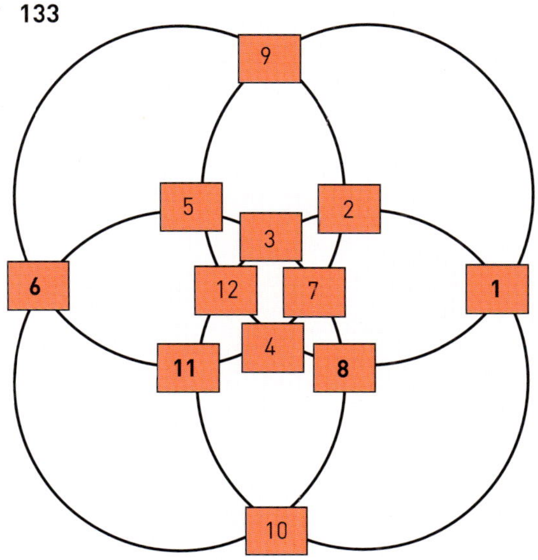

▸ **134**

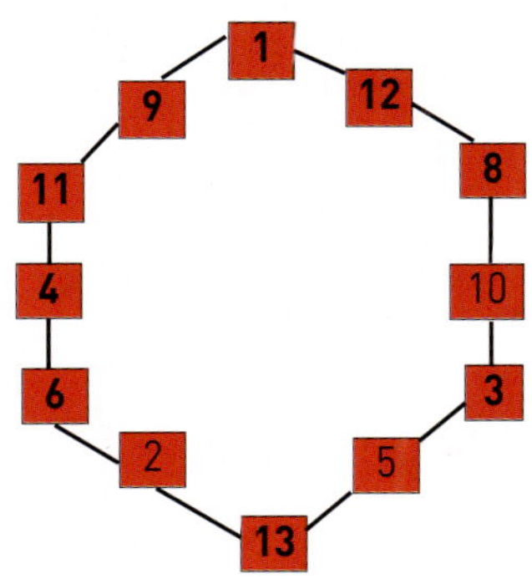

▸ **135** Il y a deux solutions

16	3	2	13
5	10	11	8
9	6	7	12
4	15	14	1

SOLUTIONS

16	5	2	11
3	10	13	8
9	4	7	14
6	15	12	1

Il est comme un carré magique simple. De plus, 5 petits carrés 2 x 2 appartenant au carré 4 x 4 ont la propriété d'être égaux à 34 lorsqu'on additionne les nombres s'y trouvant.
Exemple : 7 + 14 + 12 + 1 = 34

40 Est-ce vraiment probable ?

▸ **136** Il y a 4 possibilités :
1) garçon - garçon
2) garçon - fille
3) fille - garçon
4) fille - fille

« Sachant qu'au moins un de leurs enfants est une fille » : il n'y a que trois cas à considérer : les n° 2, n° 3 et n° 4.
« Pour que leur 2e enfant soit aussi une fille » : il n'y a qu'un seul cas intéressant : le n°4.
Probabilité : 1 chance sur 3.

▸ **137** Sur les 4 cas présentés, seuls 3 nous intéressent pour répondre à la question.

Probabilité : 1 chance sur 3.

▸ **138** 1)
a) Ceux qui possèdent un chat, mais pas de chien : 11-8 = 3
b) Ceux qui possèdent un chien, mais pas de chat : 16 - 8 = 8
c) Ceux qui possèdent les deux animaux : 8
d) Ceux qui ne possèdent aucun animal : 5

Il y a : 3 + 8 + 8 + 5 = 24
Il y a 24 élèves dans la classe.
2) Il y a 16 chances sur 24 pour qu'un élève ait un chien. C'est-à-dire 2 chances sur 3.

41 Nombres croisés

▸ **139**

	I	II	III	IV
A	1	2	2	3
B	4	0	0	6
C	4	2	0	8
D	1	5	3	7

▸ **140**
u = 72, v = 29, w = 18, x = 37

	1	2	3	4	5	6
A	7	2	■	6	8	5
B	7	9	1	■	4	1
C	7	■	3	6	3	6
D	6	3	6	6	■	4
E	■	2	9	6	3	■
F	1	8	■	6	7	1

▸ **141**

	1	2	3
A	1	4	4
B	5	2	3
C	7	1	5

▸ **142**

	1	2	3	4	5
A	1	9	2	1	■
B	2	8	4	■	1
C	3	7	■	3	2
D	4	■	6	5	3
E	■	6	8	7	4

42 Pour devenir une bête... de somme

▸ **143**

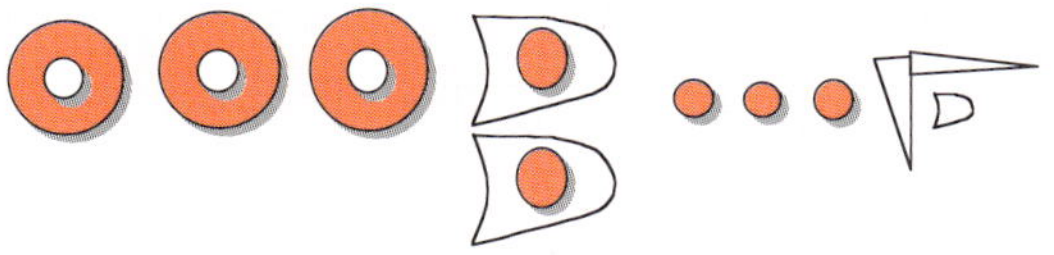

▸ **144** L'une des solutions :

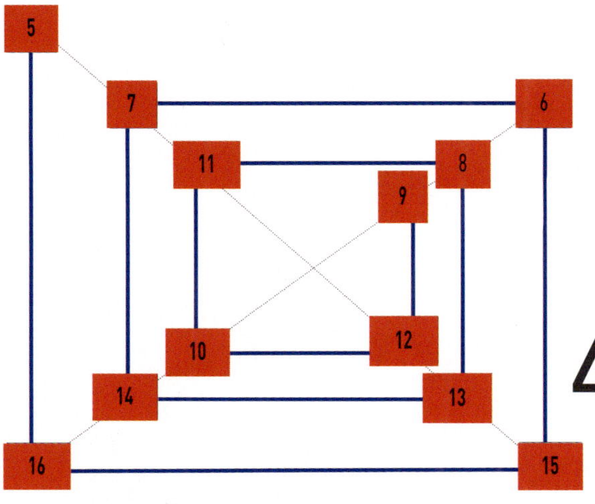

43 Que de nombres !

▸ **145** $2^6 - 63 - 1 = 0$

▸ **146** Si les deux nombres s'écrivent ab et a'b', il faut que aa' = bb'.

Ainsi, 23 x 96 = 32 x 69

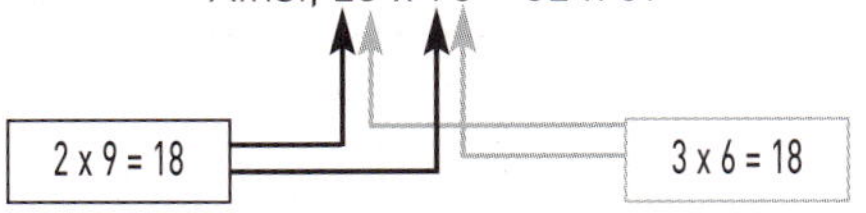

Il y a d'autres exemples :

24 x 84 = 42 x 48
26 x 62 = 62 x 26
46 x 96 = 64 x 69
.....

▸ **147** 2 + 3 - 4 + 5 + 6 + 78 + 9 = 99

▸ **148** Le suivant est 24, car ses diviseurs sont :
1, 2, 3, 4, 6, 8, 12 et 24.

Aucun nombre inférieur à lui ne possède plus de 8 diviseurs.

44 Logique à tout prix

▸ **149** Puisque B a trouvé trois fois moins d'or que C, B en a trouvé 50 cg et C en a trouvé 150 cg.
A en a donné trois fois plus à B qu'à C.
Donc, il a donné 150 cg à B et 50 cg à C.
Il a donné au total 200 cg.

A a donc trouvé 400 cg d'or. S'il ne s'était pas enfui, en donnant 150 cg à B et 50 cg à C, ils auraient eu tous les trois 200 cg d'or.

▸ **150** 18 + 18 + 18 + 18 +18 + 10 = 100

▸ **151** Chaque case contient un nombre égal à la somme des cases voisines (du dessus et de la gauche, et ce à partir de la 2ᵉ ligne et de la 2ᵉ colonne).
Réponse : 52 + 52 + 25 = 127

▸ **152** On trouve x = 12, y = 4, z = 5

Mouss'Line a 12 ans, Mouss'Tic a 4 ans et Mouss'Tache a 5 ans.

45 Nombres premiers

▸ **153**

83	29	101
89	71	53
41	113	59

▸ **154**
1) 58 = 2 x 29
• Calculons g(29).
29 est un nombre premier donc g(29) = 28.
• 2 et 29 sont premiers entre eux. Donc,
g(58) = g(2) x g(29) = 28 (car g(2) = 1)

2) 110 = 11 x 10
• 11 et 10 sont premiers entre eux.
Donc g(110) = g(10) x g(11).
• Comme g(10) = 4 et g(11) = 10, alors g(110) = 40

46 Décomposition de nombres

▸ **155** 1) Il s'agit de $1 + \frac{2}{3}$, c'est-à-dire $\frac{5}{3}$.

2) Il s'agit de $\frac{8}{5}$

3) Il s'agit à chaque fois de rapports de nombres issus de la suite de Fibonacci.
Leur rapport, quand ces nombres deviennent très grands, tend vers le nombre d'or.

SOLUTIONS

▸ **156**
$0{,}14285... = \frac{1}{7}$

Le troisième terme est égal à 7.

Donc $3{,}14 = [3, 7, 7]$

▸ **157** Le deuxième chiffre est 2.
Ainsi, $8\,467 = 92^2 + 3$
Pour obtenir des décimales, il faut abaisser deux zéros et continuer de la même manière.

$$\sqrt{8\,467} \approx 92{,}016$$

▸ **158** Quel est le plus grand produit, inférieur à 1 100, trouvé en multipliant (66b) x b ?

La réponse est b = 1, car $661 \times 1 = 661 < 1\,100$.

Les 2 premières décimales de $\sqrt{11}$ sont 3 et 1.

$$\sqrt{11} \approx 3{,}3166$$

47 Débarbouillez les figures

▸ **159** Calcul de la surface blanche pour la figure B :
Quelle est la longueur d'un côté du carré blanc ?

Utilisons le théorème de Pythagore.

$$\left(\frac{a}{2}\right)^2 + \left(\frac{3a}{2}\right)^2 = \frac{5a^2}{2}$$

• Surface du carré blanc : $\frac{5a^2}{2}$

C'est-à-dire que l'on passe de la surface du carré bleu à celle du carré blanc en multipliant par $\frac{5}{8}$

• Surface du carré rouge : $\left(\frac{5}{8}\right) \times \frac{5a^2}{2} = \frac{25a^2}{16}$

Surface blanche restante :
surface du carré blanc - surface du carré rouge

$= \frac{5a^2}{2} - \frac{25a^2}{16}$

$= \frac{15a^2}{16}$

$a^2 > \frac{15a^2}{16}$

La surface blanche de la figure A est plus grande que la surface blanche de la figure B.

▸ **160** Calcul de la surface n° 2
• Surface n° 2'

$$\frac{(\pi(4a)^2 - \pi(3a)^2)}{2} = \frac{7\pi a^2}{2}$$

• Surface n° 2'' : $\frac{\pi a^2}{2}$

Donc, la surface n° 2 est égale aussi à $4\pi a^2$.

La surface n° 2 est aussi grande que la surface n° 1.

***BIC*® Velleda®, marque leader de l'effaçable à sec,**
est heureuse de vous offrir ce feutre *BIC*® Velleda®.

Venez découvrir l'ensemble de notre gamme d'articles effaçables à sec chez votre revendeur habituel.

CONSEIL

N'hésitez pas de temps en temps à passer sur votre feuille d'exercice un chiffon imprégné de produit pour nettoyer les vitres.